国外油气勘探开发新进展丛书

GUOWAIYOUQIKANTANKAIFAXINJINZHANCONGSHU

The Imperial College Lectures in
PETROLEUM ENGINEERING
TOPICS IN RESERVOIR MANAGEMENT

油藏管理

【科威特】Deryck Bond　　　【英】Samuel Krevor

【英】Ann Muggeridge　　　【英】David Waldren

【英】Robert Zimmerman　著

侯建锋　王友净　蔚涛　刘畅　译

U0384730

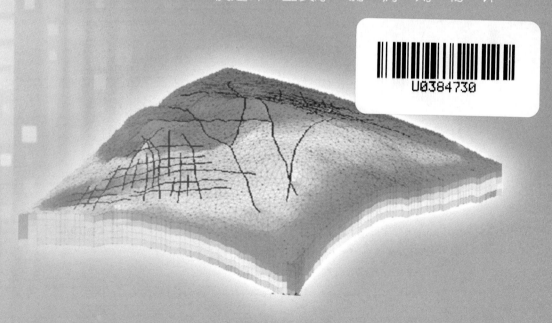

石油工业出版社

内 容 提 要

　　本书是帝国理工学院石油工程系研究生教材,共分为四章,前两章介绍了岩石性质方面的基础概念和常规油藏提高采收率的主要技术手段,这两章内容相当于国内的油层物理课程内容。后两章介绍了数值模拟和历史拟合工作涉及的相关技术方法和注意事项,这两章相当于国内数值模拟课程方面的内容。

　　全书结构严谨,内容详实,贴近实际应用,提纲挈领地反映了"现代油藏管理"的研究思路和主要技术手段。可供石油类高等学校本科生、研究生教学使用,对科研院所和现场操作人员也是一本很好的参考资料。

图书在版编目(CIP)数据

　　油藏管理 /(科威特)德里克·邦德(Deryck Bond)
等著;侯建锋等译. —北京:石油工业出版社,2022.7
　　(国外油气勘探开发新进展丛书. 二十)
　　书名原文:The Imperial College Lectures in Petroleum Engineering
　　ISBN 978 – 7 – 5183 – 5299 – 9

　　Ⅰ. ① 油… Ⅱ. ① 德… ② 侯… Ⅲ. ① 油藏管理 – 研
究 Ⅳ. ① TE34

　　中国版本图书馆 CIP 数据核字(2022)第 051653 号

The Imperial College Lectures in Petroleum Engineering
Volume 3:Topics in Reservoir Management
by Deryck Bond, Samuel Krevor, Ann Muggeridge, David Waldren, Robert Zimmerman
ISBN:978-1-78634-284-3

Copyright © 2018 by World Scientific Publishing Europe Ltd.
All rights reserved. This book, or parts thereof, may not be reproduced in any form or by any means, electronic or mechanical, including photocopying, recording or any information storage and retrieval system now known or to be invented, without written permission from the Publisher.

Simplified Chinese translation arranged with World Scientific Publishing Europe Ltd.

本书经 World Scientific Publishing Europe Ltd. 授权石油工业出版社有限公司翻译出版。版权所有,侵权必究。
北京市版权局著作权合同登记号:01 – 2020 – 4578

出版发行:石油工业出版社
　　　　　(北京安定门外安华里 2 区 1 号楼　100011)
　　　　　网　址:www. petropub. com
　　　　　编辑部:(010)64523537　图书营销中心:(010)64523633
经　销:全国新华书店
印　刷:北京中石油彩色印刷有限责任公司
2022 年 7 月第 1 版　2022 年 7 月第 1 次印刷
787 × 1092 毫米　开本:1/16　印张:10.25
字数:250 千字
定价:80.00 元
(如出现印装质量问题,我社图书营销中心负责调换)
版权所有,翻印必究

《国外油气勘探开发新进展丛书(二十)》
编 委 会

主 任：李鹭光

副主任：马新华　张卫国　郑新权

　　　　何海清　江同文

编 委：(按姓氏笔画排序)

　　　　万立夫　范文科　周川闽

　　　　周家尧　屈亚光　赵传峰

　　　　侯建锋　章卫兵

序

"他山之石，可以攻玉"。学习和借鉴国外油气勘探开发新理论、新技术和新工艺，对于提高国内油气勘探开发水平、丰富科研管理人员知识储备、增强公司科技创新能力和整体实力、推动提升勘探开发力度的实践具有重要的现实意义。鉴于此，中国石油勘探与生产分公司和石油工业出版社组织多方力量，本着先进、实用、有效的原则，对国外著名出版社和知名学者最新出版的、代表行业先进理论和技术水平的著作进行引进并翻译出版，形成涵盖油气勘探、开发、工程技术等上游较全面和系统的系列丛书——《国外油气勘探开发新进展丛书》。

自 2001 年丛书第一辑正式出版后，在持续跟踪国外油气勘探、开发新理论新技术发展的基础上，从国内科研、生产需求出发，截至目前，优中选优，共计翻译出版了十九辑 100 余种专著。这些译著发行后，受到了企业和科研院所广大科研人员和大学院校师生的欢迎，并在勘探开发实践中发挥了重要作用，达到了促进生产、更新知识、提高业务水平的目的。同时，集团公司也筛选了部分适合基层员工学习参考的图书，列入"千万图书下基层，百万员工品书香"书目，配发到中国石油所属的 4 万余个基层队站。该套系列丛书也获得了我国出版界的认可，先后四次获得由中国出版协会颁发的"引进版科技类优秀图书奖"，已形成规模品牌，获得了很好的社会效益。

此次在前十九辑出版的基础上，经过多次调研、筛选，又推选出了《石油地质概论》《油藏工程》《油藏管理》《钻井和储层评价》《渗流力学》《油气储层中的组分组成分异现象及其理论研究》等 6 本专著翻译出版，以飨读者。

在本套丛书的引进、翻译和出版过程中，中国石油勘探与生产分公司和石油工业出版社在图书选择、工作组织、质量保障方面发挥积极作用，聘请一批具有较高外语水平的知名专家、教授和有丰富实践经验的工程技术人员担任翻译和审校工作，使得该套丛书能以较高的质量正式出版，在此对他们的努力和付出表示衷心的感谢！希望该套丛书在相关企业、科研单位、院校的生产和科研中继续发挥应有的作用。

中国石油天然气股份有限公司副总裁　李鹤光

译 者 前 言

  油气是当今世界最重要的能源。近些年,以北美为代表的非常规油气发展如火如荼,但在未来可预测的时间内,常规油气的压舱石作用仍难以替代。2020 年初的油价"黑天鹅"及其系列影响,也从侧面证明了这一点。常规油气开发永恒的主题就是在经济性与采收率之间找到平衡点,这个平衡点找得越准,就越能够在激烈的竞争中获得较好优势。现阶段的主要技术手段就是在宏观的油藏工程认识基础上,通过数值模拟和历史拟合,找出精确的最优方案。

  译者从事油藏研究工作近 30 年,参与和负责了多个油田的储量评估,油田开发方案、开发调整方案的编制和审查、开发技术攻关等工作。在实际工作的锤炼中,越来越深刻地体会到,实践是理论的源泉、是检验真理的唯一标准。油田开发工作的特点决定了身体力行好于坐而论道,丰富的经验是合格油藏工程师的必备素质。

  本书包括 4 章内容,内容涵盖岩石—流体属性、常规油藏提高采收率方法、数值模拟基本概念和流程、历史拟合策略和方法,这正是油藏工程师知识体系框架中最核心的骨架内容。通过对本书的阅读,既可以引领从业者迅速进入角色,具备承担实际工作的能力,又可以为其理清思路、打开眼界、明确精进目标。本书体系完整,深入浅出,贴近实际,可作为国内油气田开发技术人员的指导手册和参考工具。

  感谢朋友们为本书翻译提供的帮助和建议,感谢同事们对译者工作的指导和支持。

  限于译者水平,仍有不妥之处,敬请读者指正。

前　　言

　　本书是帝国理工学院地质科学与工程系石油工程专业硕士研究生课程教材的第三卷。石油工程专业硕士生学期一年,学习内容包含 3 个部分:(1)石油工程领域的一系列作业和考试;(2)分组完成油田现场项目,每组 6 个人,要求使用实际数据,进行实际的油田开发研究,包括使用地震、地质数据进行初期评价直至最终油田的废弃等;(3)一个为期 14 周的项目研究,要求学生对某一问题进行调研,并按照 SPE 文章的格式撰写论文。

　　帝国理工学院的石油工程硕士课程自 1976 年开设,已经培养了数千名石油工程师。这是一门承上启下的课程,旨在将已经具有本科水平的学生带入某一工程或科学领域,但并不要求其具有石油工程某一方向上的工作经验,也不要求将其训练成能够胜任油气公司实际工作的工程师。学生的本科背景来自不同领域,包括地球物理、数学、地质、电子工程,甚至是化学或机械工程,很少人有石油工程方面的实际工作经验,其中部分学生可能接触过石油工业。本书尽量做到自成体系,而不要求学生一定具有前期的石油工程或地质的知识背景。

　　完整的课程由 6 个部分组成,涵盖了关于石油地质、渗流力学、试井分析、油藏工程以及岩心分析等方面的内容。本书包含油藏管理方面的 4 个主题,分别是岩石物理、提高采收率、油藏模拟,以及历史拟合。每一章都由帝国理工学院的理论专家或是油气公司的实际操作者执笔,他们都具有多年的研究生授课经历。本书主要基于课程讲义,因此并不能覆盖主题的所有内容,也没有配备大量的参考文献,但其中包含了作为一个石油工程师的必备基础知识。

Robert W. Zimmerman

帝国理工学院

2017 年 7 月

目　　录

第1章 岩石性质

1.1 概述

大部分的岩石都有一定的孔隙。孔隙发育的程度通过孔隙度来度量。因为发育孔隙,所以岩石中可以赋存流体。大部分岩石中,孔隙是相互连通的,因此流体可以在岩石中流动,这样的岩石称为具有渗透性岩石。岩石允许流体通过的能力用渗透率参数来计量。孔隙度描述岩石中能够赋存多少油气,渗透率描述油气流入井底的速率,孔隙度和渗透率两个参数是油藏工程中岩石最重要的属性。

对油藏工程师来说,如果岩石孔隙空间完全充满烃类流体,那是非常好的。不幸的是,没有这种情况,孔隙中总是包含了混合的烃和水。油气水的相对含量用饱和度来衡量。饱和度受岩石和不同流体界面间的相互作用控制,这些相互作用使用润湿性和界面张力来描述和计量。

岩石赋存流体的能力、岩石赋存流体的量与流体压力之间的关系,与岩石的孔隙度相关,进一步地还与孔隙度随孔隙压力的改变方式相关。孔隙度与孔隙压力之间的定量关系是非常重要的机理参数,使用孔隙压缩性来表示。

除了孔隙度、渗透率、孔隙压缩性这些油藏工程常见的重要参数,还有一些其他参数也很重要,但由于不那么直观,而略显次之。一个参数是电阻率,虽然电阻率不与含油性直接相关,而主要受含水量的控制,但电阻率可以给出关于岩石中油水相对含量有用的信息。

在介绍岩石特性的章节,将定义上述提到的参数,展示一些孔隙结构与这些特性关系的简单模型,以及在石油工程中如何应用这些参数。

1.2 孔隙度和饱和度

1.2.1 孔隙度的定义

一块典型的圆柱型岩心,半径为 R,长度为 L,岩心的视体积或岩石总体积是 $V_b = \pi R^2 L$。在一个更小的尺度,比如显微镜下(图1.2.1),可以清楚地看到,一部分体积被岩石矿物占据,另一部分体积是空的。

定义矿物体积 V_m,即真正被矿物占据的体积。再定义孔隙体积为 V_p,即岩心中空的部分的体积。那么,圆柱体中孔隙体积占据的部分的比例就是孔隙度,通常用 ϕ 表示。

$$V_b = V_m + V_p \tag{1.2.1}$$

式中 V_b——岩石体积,m^3;

V_m——矿物体积,m^3;

V_p——孔隙体积,m^3。

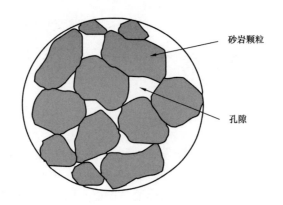

图 1.2.1 孔隙性砂岩模式图

显示出了颗粒和孔隙空间,颗粒尺寸通常为数十到数百微米

$$\phi = V_{\mathrm{p}}/V_{\mathrm{b}} \tag{1.2.2}$$

式中　ϕ——孔隙度;

　　　V_{b}——岩石体积,m^3;

　　　V_{p}——孔隙体积,m^3。

　　储层岩石的孔隙度可能很低,也可能高达40%。

　　孔隙度通常分为原生孔隙度,即砂岩第一次沉积和压实后形成的孔隙对应的孔隙度,以及次生孔隙度,即原生孔隙形成后,矿物溶解、沉积,或是发育裂缝等作用形成的孔隙对应的孔隙度。次生孔隙中一种非常重要的类型是天然裂缝。许多储层中发育天然裂缝,约占到已知储层一半。这些储层中裂缝系统彼此相连,裂缝孔隙度为0.1%~1.0%,远低于原生孔隙度,但裂缝网络的渗透率通常远高于基质岩块,通常会高出几个数量级。这种储层被称为双重介质储层。从这种储层中开发油气比从没有裂缝的储层中开发油气困难得多。

　　孔隙度还可分为总孔隙度和有效孔隙度,有效孔隙就是孔隙空间中连通的那部分,可以为油气提供流动通道。总孔隙度包括有效孔隙度和无效孔隙度。在大部分岩石中,无效孔隙不多。一个例子是碳酸盐岩中的硅藻土,这里大部分的孔隙是不连通的。在加利福尼亚中部的Belridgeu油田,已经从硅藻土储层中生产了15×10^8bbl原油,其储层孔隙度范围为0.45~0.75,大部分是非连通的无效孔隙。该类储层需要特殊的生产方式,但这不是本课程的重点内容。

1.2.2 非均质性和“表征性单元体积”

　　孔隙度属性引出了另一个概念,即非均质性,这对于所有的岩石物理属性都很重要。所谓的非均质就是储层物性从一点到另一点发生了变化。所有的岩石都是非均质的,因为当从一个位置移动到另一个位置时,总会发现,岩石类型发生了变化。例如,一些储层包含砂层和泥层,厚度约几米,如图1.2.2所示。这些储层长度上的非均质性长约数十米。

　　从一个极端情况来看,所有的孔隙性岩石在孔隙尺度上都是非均质的。如图1.2.3(a)所示,这里x_1和x_2是岩心上的不同位置。x_1位置上的孔隙度为0,因其处于颗粒位置,x_2位置上的孔隙度为1,因其处在孔隙位置。很明显,在油藏中极小的点处讨论孔隙度是没有意义的。当提到孔隙度时,意味着所说的是一个小区域上的平均孔隙度。

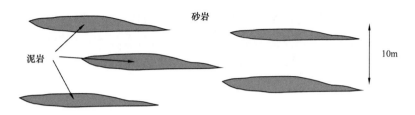

图 1.2.2　储层中的砂泥层序

图中储层在厘米级尺度上是均质的,在米级尺度上是非均质的

设想能够测量 x_2 点周围半径为 R 的一个小球体区域的孔隙度,如图 1.2.3(b)所示。其孔隙度为 $\phi(R)$。在很小的区域上,其孔隙度为 1。当 R 变大时,球形区域将会碰到附近的砂岩颗粒,进而 $\phi(R)$ 将会减小。在一个典型的砂岩中,$\phi(R)$ 将会随着 R 波动,但最终会稳定在某个常数值。最终,当 R 变得足够大,碰到另外一种岩石类型时,孔隙度会发生突变。可以用图 1.2.4 的图示来表示这种情形(Bear,1972)。

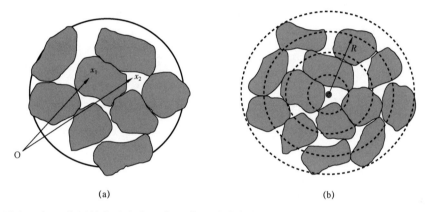

(a)　　　　　　　　　　　　　　　　　(b)

图 1.2.3(a)　在 x_1 位置的孔隙度为 0,在 x_2 位置孔隙度为 1,这说明孔隙度不能按照某个点来定义。

(b)$\phi(R)$ 表示半径 R 范围内的平均孔隙度

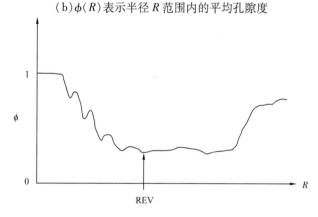

图 1.2.4　孔隙度是取样尺度的函数

表明存在表征性单元体积

能够使孔隙度稳定的 R 的最小值,称为表征性单元体积(REV)。当讨论孔隙度时,通常指的是孔隙度稳定性大于表征性单元体积稳定性的孔隙度。

对于颗粒尺寸均匀的砂岩,REV 至少要大于十倍的颗粒直径。但对于非均质性更强的碳酸盐岩来说,REV 还要更大。事实上,并不能保证所有岩石都有 REV。但在油藏工程中,总是要假设能够定义出明确的 REV 尺寸,以便为数值模拟的节点给出对应的网格值。后面章节将会继续深入讨论。

1.2.3 饱和度

储层岩石通常不能充满原油,原因会在后面的章节中进一步讨论。假设岩石孔隙中包含油和水,如图 1.2.5 所示。如果岩石孔隙中包含水的体积为 V_w,油的体积为 V_o,总的孔隙体积是 V_p,那么每种相的饱和度就可以用占据孔隙体积的比例来表示:

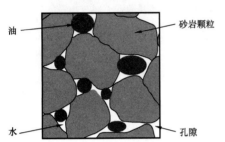

图 1.2.5 孔隙性岩石含油和水的示意图

$$S_w = V_w/V_p, S_o = V_o/V_p \qquad (1.2.3)$$

式中 S_w——含水饱和度;

S_o——含油饱和度;

V_w——含水体积,m^3;

V_o——含油体积,m^3;

V_p——孔隙体积,m^3。

按照定义,每种相的饱和度应在 $0 \sim 1$ 之间。如果只有油和水两种相存在,那么可以得到以下关系:

$$S_w + S_o = 1 \qquad (1.2.4)$$

如果孔隙中还存在气,那么:

$$S_w + S_o + S_g = 1 \qquad (1.2.5)$$

式中 S_g——含气饱和度。

1.3 渗透率和达西公式

1.3.1 达西公式

岩石传导流体的能力用渗透率来衡量。数值上,渗透率用控制流体流过孔隙介质的法则来定义——达西公式。这个公式由法国工程师亨利·达西(Henry Darcy)在 1856 年通过水流过沙层的实验中得到。达西公式是石油工程中最重要的公式。

假设流体黏度为 μ,水平细管的长度为 L,面积为 A,充满沙子或岩石。注入端的压力为 p_i,出口端的压力为 p_o,如图 1.3.1 所示。

按照达西公式,流体将由高压流向低压,体积流速如下:

$$Q = \frac{KA(p_i - p_o)}{\mu L} \qquad (1.3.1)$$

式中 Q——体积流量,m^3/s;

    K——岩石渗透率,m^2;

    A——岩石界面面积,m^2;

    p_i——注入端压力,Pa;

    p_o——出口端压力,Pa;

    μ——流体黏度,Pa·s;

    L——岩心长度,m。

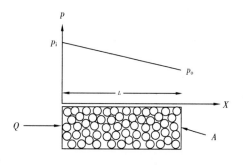

图 1.3.1 孔隙性砂岩测试
渗透率的实验

公式(1.3.1)可以视为对渗透率的定义,也指明了在实验室测量渗透率的方法。该方程指出流速与面积成正比,与黏度成反比,与压力梯度成正比,压力梯度为单位长度上的压降。注意,渗透率是岩石的固有属性;流体对流动的影响通过黏度来表征。

实际应用中更常用的是单位面积上流量,$q = Q/A$,因此达西公式通常被写为:

$$q = \frac{Q}{A} = \frac{K(p_i - p_o)}{\mu L} \tag{1.3.2}$$

这里流量 q 的量纲是 m/s。注意,流量不同于流体粒子的速度,因此用 $m^3/(m^2 \cdot s)$ 单位更易于理解。

通常,流速在点和点之间不同,因此常用微分形式的达西公式。水平流动情况下的达西公式微分形式如下:

$$q_x = \frac{-K}{\mu} \frac{dp}{dx} \tag{1.3.3}$$

式中 q_x——流速,m/s;

    K——岩石渗透率,m^2;

    p——压力,Pa;

    μ——流体黏度,Pa·s;

    x——岩心长度,m。

负号意味着流动方向从高压流向低压。

对于垂直流动,需要在方程中加入重力项。想知道为什么要增加重力项,可回顾静水的流体力学内容,因此其压力为:

$$p = p_o + \rho g z \tag{1.3.4}$$

式中 p——上端压力,Pa;

    p_o——出口端压力,Pa;

    ρ——密度,kg/m^3;

    g——重力加速度,m/s^2;

    z——深度,m。

其中,z 是参考面以下的深度,p_o 是参考面压力。因此,在静水中有压力梯度,但不流动。

平衡的压力梯度见式(1.3.5)：

$$\frac{\mathrm{d}p}{\mathrm{d}z}\bigg|_{\text{平衡}} = \rho g \qquad (1.3.5)$$

可以假设，只有当压力梯度大于平衡值的时候，流体才能流过岩石。因此驱动力应为 $(\mathrm{d}p/\mathrm{d}z) - \rho g$。对于垂向流动，完善式(1.3.3)得到：

$$q_z = \frac{-K}{\mu}\left(\frac{\mathrm{d}p}{\mathrm{d}z} - \rho g\right) = \frac{-K}{\mu}\frac{\mathrm{d}(p - \rho g z)}{\mathrm{d}z} \qquad (1.3.6)$$

事实上，式(1.3.6)也可应用于水平流动，如下：

$$q_x = \frac{-K}{\mu}\frac{\mathrm{d}(p - \rho g z)}{\mathrm{d}x} = \frac{-K}{\mu}\frac{\mathrm{d}p}{\mathrm{d}x} \qquad (1.3.7)$$

这里的 $\mathrm{d}(\rho g z)/\mathrm{d}x = 0$。

常规的，可用流体势 Φ 来简化式(1.3.6)：

$$\Phi = p - \rho g z \qquad (1.3.8)$$

任意方向上的流动可表示为：

$$q_n = \frac{-K}{\mu}\frac{\mathrm{d}\Phi}{\mathrm{d}n} \qquad (1.3.9)$$

式中　q_n——n 方向上的流速，m/s。

式(1.3.9)假设渗透率各向一致，但大部分储层中，水平渗透率常大于垂直渗透率。水平方向上的渗透率可能也不一致，但这个差异没有水平渗透率与垂直渗透率的差异大。不同方向上的渗透率不一致的现象叫作各向异性。在各向异性岩石中的流动，需要完善达西公式如下：

$$q_x = \frac{-K_H}{\mu}\frac{\mathrm{d}\Phi}{\mathrm{d}x}, q_z = \frac{-K_V}{\mu}\frac{\mathrm{d}\Phi}{\mathrm{d}z} \qquad (1.3.10)$$

式中　q_x——x 方向上的流速，m/s；

　　　　q_z——z 方向上的流速，m/s；

　　　　K_H——岩石水平渗透率，m^2；

　　　　K_V——岩石垂直渗透率，m^2；

　　　　Φ——流体势，Pa；

　　　　μ——流体黏度，Pa·s；

　　　　x——x 方向上的压降距离，m；

　　　　z——z 方向上的压降距离，m。

另一种理解流体流动是由压力梯度 $p - \rho g z$ 控制的方式如下。可以回顾一下大学时期的伯努利方程，其本质上就是能量守恒原理，方程如下：

$$\frac{p}{\rho} - gz + \frac{v^2}{2} = \frac{1}{\rho}\left(p - \rho gz + \frac{\rho v^2}{2}\right) \tag{1.3.11}$$

这里 p/ρ 相当于单位质量的焓，$v^2/2$ 是单位质量的动能。

储层中的流体速度通常很慢，因此可忽略动能，此时 $p - \rho gz$ 代表伯努利能量。流体从高能区流向低能区，流动的驱动力就是 $p - \rho gz$。

这个式子同时表明，当动能项无法忽略时，达西公式不成立。事实上，在高速流情况下，需要在式(1.3.3)左侧增加 q^2 项。其结果就是更一般的方程形式，福希海默方程。在气藏条件，尤其是气藏井底附近存在高速流的情况下，该方程更加适用。当然，达西公式在大部分的情况下还是适用的。

1.3.2 渗透率单位

渗透率的单位是面积单位，因此应用国际单位，其单位为 m^2。但在工程领域，通常应用达西作为单位，其定义如下：

$$1D = 0.987 \times 10^{-12} m^2 \approx 10^{-12} m^2 \tag{1.3.12}$$

达西单位的含义是，1D 渗透率相当于岩心截面为 $1cm^2$ 时，在 $1atm/cm$ 的压力梯度下，可传输黏度为 $1mPa \cdot s$ 的水 $1cm^3$。

这个式子应用了不同的单位制。有人应用该公式时，首先将流速转化为 cm^3/s，将面积转换为 cm^2，再在式中应用达西单位。另一种方法是将所有的参数转化为 SI 单位，此时应用达西公式，渗透率单位为 m^2。

砂岩的典型渗透率区间见表1.3.1。

表1.3.1　不同岩石类型典型的渗透率范围

岩石类型	$K(D)$	$K(m^2)$
粗砾石	$10^3 \sim 10^4$	$10^{-9} \sim 10^{-8}$
砂砾岩	$10^0 \sim 10^3$	$10^{-12} \sim 10^{-9}$
细砂岩,粉砂岩	$10^{-4} \sim 10^0$	$10^{-16} \sim 10^{-12}$
泥岩	$10^{-9} \sim 10^{-6}$	$10^{-21} \sim 10^{-18}$
石灰岩	$10^{-4} \sim 10^0$	$10^{-16} \sim 10^{-12}$
砂岩	$10^{-5} \sim 10^1$	$10^{-17} \sim 10^{-11}$
风化的白垩	$10^0 \sim 10^2$	$10^{-12} \sim 10^{-10}$
未风化的白垩	$10^{-9} \sim 10^{-1}$	$10^{-21} \sim 10^{-13}$
花岗岩,片麻岩	$10^{-8} \sim 10^{-4}$	$10^{-20} \sim 10^{-16}$

表1.3.1中数值显示，地下介质的渗透率范围会跨越数个数量级。但大部分的储层渗透率在 $0.1 \sim 10D$ 之间，通常只有 $10 \sim 1000mD$。渗透率的测量方法将在岩心分析一章中介绍。

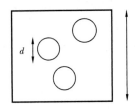

图 1.3.2 推导渗透率、孔隙度、孔隙尺寸之间关系的概念结构

1.3.3 渗透率与孔隙尺寸的关系

渗透率取决于孔隙度,也受孔隙尺寸的影响。很多模型都是描述孔隙度、孔隙尺寸,以及孔隙空间的其他属性与渗透率之间的关系。最简单的模型是假设孔隙都是直径相同的毛细管。假设一组直径为 d 的毛细管,穿过截面边长为 L 的正方体岩石样品,如图 1.3.2 所示,在样品两端施加 Δp 的压差。

按照泊肃叶方程,每个毛细管的流量是:

$$Q = \frac{\pi d^4}{128\mu} \frac{\Delta p}{L} \qquad (1.3.13)$$

式中　Q——流量,$\mathrm{m^3/s}$;

　　　d——毛细管直径,m;

　　　μ——流体黏度,$\mathrm{Pa \cdot s}$;

　　　p——压力,Pa;

　　　L——毛细管的长度,m。

如果有 N 根毛细管,总流量为:

$$Q = \frac{N\pi d^4}{128\mu} \frac{\Delta p}{L} \qquad (1.3.14)$$

平面上,孔隙的总面积为 $A_p = N\pi d^2/4$,孔隙度为 $\phi = A_p/A = A_p/L^2$,其中,A 是流动的宏观面积。因此,式(1.3.14)可表示为:

$$Q = \frac{\phi d^2 A}{32\mu} \frac{\Delta p}{L} \qquad (1.3.15)$$

式中　A——岩块的截面积,$\mathrm{m^2}$。

如果比较该流速与达西公式中的流速 $Q = KA\Delta p/\mu L$,可以看到岩石的渗透率为 $K = \phi d^2/32$。均质岩石中,只有 1/3 的孔隙可在 x 方向连成线,1/3 的孔隙在 y 方向连成线。因此,理想状态下多孔岩石的渗透率如下:

$$K = \frac{\phi d^2}{96} \qquad (1.3.16)$$

另一个相对更实际的模型认为孔隙随机分布在三维空间中,也可以得到非常类似的结果。

式(1.3.17)引入比面的概念,比面 S/V 就是单位体积岩石中的表面积的总和,其结果如下:

$$K = \frac{\phi^3}{6(S/V)^2} \qquad (1.3.17)$$

式中　K——渗透率,$\mathrm{m^2}$;

　　　ϕ——孔隙度;

　　　S——岩石内岩石骨架的总表面积,$\mathrm{m^2}$;

　　　V——岩石体积,$\mathrm{m^3}$。

这通常被称为 Kozeny – Carman 方程。该方程认为渗透率是流动阻力的倒数,流动阻力本质上是由于流体流动中,流体与孔隙表面的黏性拖拽导致,因此渗透率与孔隙表面积相关。

在一些版本的 Kozeny – Carman 方程中,常数 6 被迂曲度 τ 所代替。迂曲度就是流体实际流动长度与进出口之间距离的比,其实就是一个由实验得到的系数。

有很多关于改进 Kozeny – Carman 方程的尝试,都是通过增加关于孔隙分布的更多信息或连通孔隙的信息来实现的。在本章中只需了解渗透率与孔隙半径的平方成正比关系即可。

1.3.4　层状岩石渗透率

大部分岩石都是层状的,每一层都有不同的渗透率。流体流过层状岩石时,无论是垂直或是水平方向上,都需要定义有效渗透率,从而可以将其视为均质岩石的情况,以满足达西公式可用。

比如,考虑 N 层岩石的水平流动,某层的渗透率为 K_i,厚度为 H_i,如图 1.3.3 所示。流体在层内水平流动,按照达西公式:

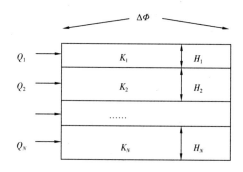

图 1.3.3　流体在层状岩石中的顺层平行流动

$$Q_i = \frac{-K_i(H_i w)}{\mu} \frac{\Delta \Phi}{\Delta x} \tag{1.3.18}$$

式中　Q_i——第 i 层流体的流量,$\mathrm{m^3/s}$;

K_i——第 i 层的渗透率,$\mathrm{m^2}$;

H_i——第 i 层的厚度,m;

w——岩石垂直纸面方向上的厚度,m;

μ——流体的黏度,$\mathrm{Pa \cdot s}$;

Φ——流体势,Pa;

x——岩层的长度,m。

总的流量可假设为每一层流量的总和:

$$Q = \sum_{i=1}^{N} Q_i = \sum_{i=1}^{N} \frac{-K_i(H_i w)}{\mu} \frac{\Delta \Phi}{\Delta x} = \frac{-w}{\mu} \frac{\Delta \Phi}{\Delta x} \sum_{i=1}^{N} K_i H_i \tag{1.3.19}$$

如果将其视为均质岩石,其有效渗透率为 K_{eff},那么达西公式如下:

$$Q = \frac{-K_{\mathrm{eff}}(H_{\mathrm{total}} w)}{\mu} \frac{\Delta \Phi}{\Delta x} = \frac{-w}{\mu} \frac{\Delta \Phi}{\Delta x} K_{\mathrm{eff}} \sum_{i=1}^{N} H_i \tag{1.3.20}$$

式中 Q——流体的总流量,m^3/s;

  K_{eff}——岩石的有效渗透率,m^2;

  H_{total}——岩石的总厚度,m。

如果比较式(1.3.19)和式(1.3.20),那么层状岩石的有效渗透率就是:

$$K_{eff} = \sum_{i=1}^{N} K_i H_i \bigg/ \sum_{i=1}^{N} H_i = \frac{1}{H_{total}} \sum_{i=1}^{N} K_i H_i \qquad (1.3.21)$$

因此,层状岩石的有效渗透率就是各层渗透率用厚度加权的算术平均。

再考虑层状系统的垂向流动(图1.3.4)。还是从达西公式开始:

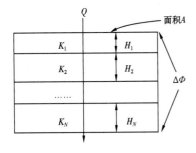

图 1.3.4 流体在层状岩石中的垂直流动

$$Q_i = \frac{-K_i A}{\mu} \frac{\Delta \Phi_i}{H_i} \qquad (1.3.22)$$

式中 Q_i——第 i 层流体的流量,m^3/s;

  K_i——第 i 层的渗透率,m^2;

  H_i——第 i 层的厚度,m;

  A——层状岩层平面上的面积,m^2;

  μ——流体的黏度,$Pa \cdot s$;

  Φ_i——第 i 层的流体势,Pa。

平衡时,流过每个层的流速一致,但压降不同。因此将 $Q_i = Q$ 代入式(1.3.22),得到式(1.3.23)的形式。

$$\Delta \Phi_i = \frac{-\mu Q H_i}{A K_i} \qquad (1.3.23)$$

通过 N 层的压降就可以通过累计各层的压降而得到:

$$\Delta \Phi = \sum_{i=1}^{N} \Delta \Phi_i = \sum_{i=1}^{N} \frac{-\mu Q H_i}{A K_i} = \frac{-\mu Q}{A} \sum_{i=1}^{N} \frac{H_i}{K_i} \qquad (1.3.24)$$

通过厚度为 H、面积为 A 的均质岩石的压降为:

$$\Delta \Phi = \frac{-\mu Q H}{A K_{eff}} = \frac{-\mu Q}{A K_{eff}} \sum_{i=1}^{N} H_i \qquad (1.3.25)$$

式中 H——岩层总厚度,m;

  K_{eff}——岩石的有效渗透率,m^2。

比较式(1.3.24)和式(1.3.25)可以看出:

$$K_{eff} = \sum_{i=1}^{N} H_i \bigg/ \sum_{i=1}^{N} \frac{H_i}{K_i} = \left[\frac{1}{H} \sum_{i=1}^{N} \frac{H_i}{K_i} \right]^{-1} \qquad (1.3.26)$$

式(1.3.26)右侧的表达式称为渗透率的加权调和平均。

式(1.3.21)和式(1.3.26)与计算电阻元件并联或串联时计算总电阻率的式子相似。但这个类比容易记错,因为两个式子中都有厚度,但出现的方式不同。相比简单类比记忆,从原理上推导有效渗透率的方式更好一些。

简单地说,对于层状岩层,平行层面流动的有效渗透率受最大渗透率层的控制,垂直层面流动的有效渗透率受最小渗透率层的控制。

1.3.5 渗透率非均质性

很多储层中的非均质性都比简单的层状情况复杂。比如,如果原油流入井底,那么其流动的几何形状就是径向的,而不能简单地应用串联和并联形式。

为了应用解析或数值方法计算储层中流体的流动,需要用有效渗透率代替非均质分布的渗透率。这个困难的问题在油藏工程中的处理办法是粗化,后面章节将详细介绍。

这里只简单介绍,对于随机分布的非均质的渗透率,几何平均方法通常会给出对有效渗透率较好的估计结果。渗透率的几何平均,就是对渗透率的自然对数按照体积加权平均。比如,有 N 个区,随机分布,每个区的渗透率为 K_i,体积比例为 c_i,那么其几何平均就是:

$$\ln K_G = \sum_{i=1}^{N} c_i \ln K_i = \sum_{i=1}^{N} \ln K_i^{c_i} = \ln \prod_{i=1}^{N} K_i^{c_i} \tag{1.3.27}$$

式中 K_G——几何平均渗透率,m^2;

K_i——第 i 个区的渗透率,m^2;

c_i——第 i 个区的体积比例。

即:

$$K_G = \prod_{i=1}^{N} K_i^{c_i} = K_1^{c_1} K_2^{c_2} K_3^{c_3} \cdots K_N^{c_N} \tag{1.3.28}$$

可以证明,几何平均值总是处于算术平均和调和平均之间。同时也可以证明,无论渗透率的分布情况如何,有效渗透率总是处于算数平均和调和平均渗透率之间(Beran,1968)。有效渗透率和几何平均渗透率处于算术平均渗透率和调和平均渗透率之间的情况,在一定程度上证明,对于随机分布的非均质储层来说,几何平均渗透率可近似看成有效渗透率。

1.4 界面张力、润湿性和毛细管压力

储层岩石孔隙中总是包含着混合流体。流体在孔隙中的分布受流体与矿物在界面处的物理化学作用控制。现在讨论一下描述流体在孔隙中分布所需的一些概念和定义。

1.4.1 界面张力

假设气和油两种流体,如图 1.4.1 所示。液体中分子 A 如右图所示。这个分子的界面能是 U。该分子与周围流体分子存在引力 F_{LL}。液体与气体分子之间的引力为 F_{GL}。

设想将分子 A 推向界面处。起初,周边的引力相等,合力为零。在靠近界面处,右侧的引力为 F_{LL},左侧的引力为 F_{GL}。如果 $F_{GL} < F_{LL}$,此时,合力向右,如果将分子推到界面处,需施加向左的作用力。因此,当分子到达界面处时,将比其在液体内部时具有更大的能量。

液体中增加的总能量将与界面面积成正比。包含界面能量的修正的热动力表达式为:

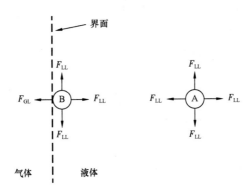

图 1.4.1 流体分子的势能行为示意图

$$U = TS - pV + \gamma A \tag{1.4.1}$$

式中 U——界面能量,J;

T——温度,K;

S——熵,J/K;

p——压力,Pa;

V——体积,m^3;

A——界面面积,m^2;

γ——界面张力,N/m。

如果三个变量相互独立,那么其微分方程为:

$$dU = TdS - pdV + \gamma dA \tag{1.4.2}$$

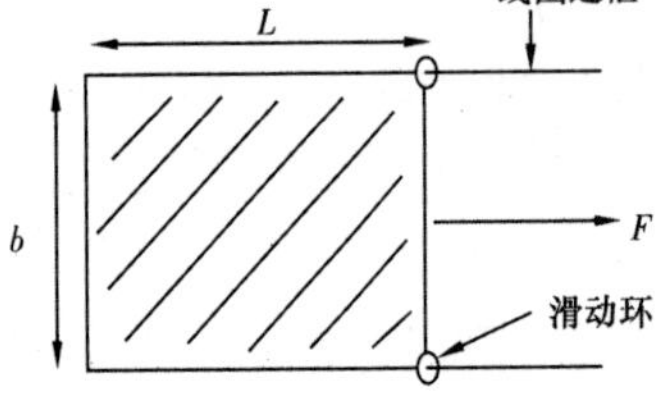

图 1.4.2 界面张力的假想实验

设想有一个流体的薄膜,如图1.4.2所示。如果使其在力 F 的作用下,沿着箭头方向垂直滑动,滑动距离为 dL,那么其所做的功为 FdL。按照热力学第一定律,所做的功等于界面能的变化,因此:

$$dU = dW = FdL \tag{1.4.3}$$

如果拉动的速度很慢,且为绝热状态,那么液体薄膜的熵变为零。如果液体薄膜的体积可以忽略,那么 pdV 也为零。因此,按照式(1.4.2)得到:

$$dU = \gamma dA \tag{1.4.4}$$

$A = bL$,则 $dA = bdL$,式(1.4.4)变为:

$$dU = \gamma bdL \tag{1.4.5}$$

式(1.4.3)和式(1.4.5)表明:

$$FdL = \gamma bdL \Rightarrow F = \gamma b \tag{1.4.6}$$

换句话说,界面张力的外部响应与对界面边界在单位长度上施加量级为 γ 的作用力的效果一致。因此,通常将界面张力视为沿着弹性薄膜的周长施加了作用力。式(1.4.6)也指示了 γ 的量纲为作用力/长度,因此国际单位制为 N/m。油水界面张力通常为 $0.01 \sim 0.05$N/m。

1.4.2　毛细管压力

由于界面张力的作用,在接触面附近的弯液面处,动力上平衡的两种流体内的压力并不相等。为了证明这一点,可以考虑一个气泡,半径为 R,置于一个坚硬的、绝热的箱子内的液体中,如图 1.4.3 所示。气体的压力为 p_G,流体的压力为 p_L,界面张力是 γ。

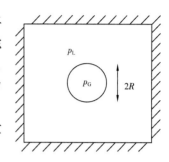

图 1.4.3　在刚性、绝热容器中的一个气泡用来推导 Young – Laplace 方程的思想实验

按照式(1.4.2),这个流体 + 气 + 界面的系统中,内部能量的全微分方程如下:

$$dU = TdS - p_L dV_L - p_G dV_G + \gamma dA \qquad (1.4.7)$$

注意,体积项既要考虑液体,又要考虑气体,但界面张力只能计数一次。由于 $V_G + V_L = V_{盒子} = $ 常数,因此 $dV_L = -dV_G$,得到:

$$dU = TdS + p_L dV_G - p_G dV_G + \gamma dA \qquad (1.4.8)$$

现在假设气泡缓慢变大。因为盒子是坚硬的、绝热的,$dS = 0$,$dU = 0$(没有对系统加热,没有对系统做功,总的熵和能量相同)。因此:

$$\gamma dA = p_G dV_G - p_L dV_G = (p_G - p_L)dV_G \qquad (1.4.9)$$

$A = 4\pi R^2$,所以 $dA = 8\pi RdR$,$V = 4\pi R^3/3$,所以 $dV = 4\pi R^2 dR$,因此,式(1.4.9)可以写为:

$$8\pi\gamma RdR = (p_G - p_L)4\pi R^2 dR \qquad (1.4.10)$$

即:

$$p_G - p_L = 2\gamma/R \qquad (1.4.11)$$

这就是著名的 Young—Laplace 方程,这说明气泡内的压力大于气泡外的压力,并且数值上与两相流体间的界面张力呈正比,与气泡的半径呈反比。

这个压力差就是毛细管压力:

$$p_G - p_L = p_{cap} = 2\gamma/R \qquad (1.4.12)$$

毛细管压力在两相流体接触面处存在,不必一定是液体或气体。比如,水中有一个油泡,只要将式(1.4.12)中的下标换成对应的油水就可以了。

在充满油和水的岩石中,两相接触面是弯曲的,油和水的压力不同,其差值数值上等于式(1.4.12),定义 R 为接触面的平均曲率半径,在小孔隙岩石中的毛细管压力比大孔隙中更加重要。

1.4.3　接触角

当固体表面存在两相流体时会发生什么,如图 1.4.4 所示,一滴液体置于固体表面,周围

为气体。

斜线是从接触点引出的气体和液体接触面的正切线。从固体表面通过液体旋转至正切线的角度,称为接触角 α。

绘制一个三相应力平衡示意图(图1.4.5)时,与构造桁架分析中的节点方法非常相似。通过任一接触面处,切出一个薄片,移除的界面部分将会对节点施加一个张力 γH,这里 H 是进入界面的距离。对于每个界面张力,将用下角标来表示形成界面的两个流体;比如 γ_{LS} 就是液体和固体界面上的张力。那么,水平方向上的应力平衡为:

$$\sum F_{\text{horizontal}} = \gamma_{LS} - \gamma_{GS} + \gamma_{LG}\cos\alpha = 0 \Rightarrow \cos\alpha = (\gamma_{GS} - \gamma_{LS})/\gamma_{LG} \tag{1.4.13}$$

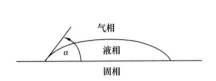

图 1.4.4　一个液滴置于固体表面
周边为气体环境

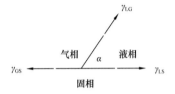

图 1.4.5　三相应力平衡示意图
液滴置于固体表面,四周为气体环境

由于三相界面张力的相对量级,会出现很多种情况。

情况 1:$0 < \gamma_{GS} - \gamma_{LS} < \gamma_{LG}$。

这种情形下,气—固的界面张力会比液—固的界面张力大,简单地说,就是固体更倾向于与液体接触,因此,式(1.4.13)右侧的结果将在 0~1 之间,其润湿角为:

$$0 < \alpha < 90° \tag{1.4.14}$$

此时,称为液体润湿界面,界面称为水湿。

情况 2:$\gamma_{LG} < \gamma_{GS} - \gamma_{LS} < 0$。

这种情况下,气—固界面能量比液—固界面能量小,固体更倾向于与气体接触。式(1.4.13)右侧的结果将在 -1~0 之间,因此润湿角为:

$$90° < \alpha < 180° \tag{1.4.15}$$

此时,称为液体非润湿界面;其将在固体表面保持液珠形态,在液—固界面非常小,如图1.4.6所示。

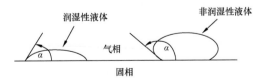

图 1.4.6　固体表面的润湿性流体与非润湿性流体

情况 $3: |\gamma_{GS} - \gamma_{LS}| > \gamma_{LG}$。

这种情形下,式(1.4.13)的右侧结果不在 $-1 \sim 1$ 之间,没有对应的润湿角能够使其达到平衡! 考虑极端条件下的情形,$\gamma_{GS} - \gamma_{LS} = \gamma_{LG}$,此时润湿角为 $1(\cos\alpha = 1)$。液体将在固体表面完全展布开。如果 $\gamma_{GS} - \gamma_{LS} > \gamma_{LG}$,那么情况相似,液体会在固体表面持续展布开,直至形成表面薄膜。相似的情况,$\gamma_{GS} - \gamma_{LS} < -\gamma_{LG}$,气体会尽量展布在固体表面。

大部分岩石倾向于水湿,而不是油湿。如果岩石中油水同时存在,那么孔隙表面更倾向于与水接触,因此孔隙中的原油通常以油滴形式存在。

1.4.4　毛细管提升高度

设想一个装着油和水的桶,如图 1.4.7(a)所示。两种流体不互溶,由于油比水轻,因此油在上,水在下。外面的空气压力为大气压。

现在将一根半径为 R,表面水湿的毛细管插入桶中,如图 1.4.7(b)所示。这根毛细管可以看作是孔隙性岩石的一个例子。这时水会进入到毛细管中,高出水面的高度为 h。

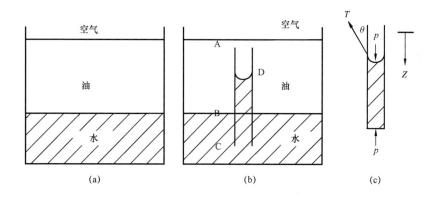

图 1.4.7　(a)水桶中盛有油气水。(b)将一根毛细管插入水中,水会上升一定高度。
(c)毛细管中的水达到应力平衡

现在通过计算毛细管中水的垂向应力平衡来计算毛细管的提升高度 h,如图 1.4.7(c)所示。圆柱体的底部受到水在 C 位置上的压力向上推,压力作用在 πR^2 的面积上。由于该力在 z 轴方向上减小,因此该应力符号为负,$-p_w(z_C)\pi R^2$。在圆柱体的顶部,由于油在 D 位置的压力向下推,因此作用力为 $p_o(z_D)\pi R^2$。界面张力相当于在界面周长上施加一个向上的应力,数值上表示为 $T = 2\pi\gamma_{ow}R$。界面张力与垂直方向的角度为 θ,因此在垂直方向上的贡献为 $-2\pi\gamma_{ow}R\cos\theta$。最后是水受到向下的重力作用:

$$W = mg = \rho_w V_g = \rho_w \pi R^2 (z_C - z_D) g \tag{1.4.16}$$

合力作用为 0。

$$-p_w(z_C)\pi R^2 + p_o(z_D)\pi R^2 - 2\pi\gamma R\cos\theta + \rho_\omega \pi R^2 (z_C - z_D)g = 0 \tag{1.4.17}$$

油在 D 位置上的压力为大气压加上油柱高度 $(z_D - z_A)$,即 $p_o(z_D) = p_{atm} + \rho_{og}(z_D - z_A)$。相似的,可以得到 $p_w(z_C) = p_{atm} + \rho_{og}(z_B - z_A) + \rho_{wg}(z_C - z_B)$。将这些表达式代入式(1.4.17),得到:

$$- \left[p_{atm} + \rho_o g(z_B - z_A) + \rho_w g(z_C - z_B) \right] \pi R^2 + \left[p_{atm} + \rho_o g(z_D - z_A) \right] \pi R^2 -$$

$$2\pi\gamma_{ow}R\cos\theta + \rho_w\pi R^2(z_C - z_D)g = 0 \qquad (1.4.18)$$

这时可以解出毛细管提升高度 h：

$$z_B - z_D = h = \frac{2\gamma_{ow}\cos\theta}{(\rho_w - \rho_o)gR} \qquad (1.4.19)$$

因此,可以得出,毛细管提升高度与界面张力呈正比,与毛细管半径呈反比。

现在,可以计算油水在深度 D 处的压力差。按照定义,这就是 D 处的毛细管压力。

首先,回顾 $p_o(z_D) = p_{atm} + \rho_o g(z_D - z_A)$。然后,从 A 点开始,在油中向下移动到 B,然后从水中回到 D,可以得到 $p_w(zD) = p_{atm} + \rho_o g(z_B - z_A) - \rho_w g(z_B - z_D)$。因此:

$$p_o(z_D) - p_w(z_D) = p_{atm} + \rho_o g(z_D - z_A) - p_{atm} - \rho_o g(z_B - z_A) + \rho_w g(z_B - z_D)$$

$$= (\rho_w - \rho_o)g(z_B - z_D) = (\rho_w - \rho_o)gh = 2\gamma_{ow}\cos\theta/R \qquad (1.4.20)$$

换句话说, $p_{cap} = 2\gamma_{ow}\cos\theta/R$。这与之前推导的油滴在水中的情况完全一样,只是这里考虑了润湿角。还要注意,在任意深度 h,毛细管压力等于 $(\rho_w - \rho_o)gh$。这个理论就是毛细管—重力平衡。

1.4.5 油水过渡带

大部分油的密度小于水的密度,因此储层中在一定深度之上只含油,某一深度之下只含水,两个深度之间既含油又含水。在某一深度之下,岩石饱和水,在这一深度之上就是油水过渡带,过渡带处的含水饱和度随深度降低。可以通过比照毛细管中,毛细管力提升的原理来理解储层中的油水过渡带。

首先回到孔隙性岩石的平行毛细管模型,但此处毛细管的半径不同。假设将该岩石置于油水之中。

按照式(1.4.19),在大半径的毛细管中,水的上升高度小,在小半径的毛细管中,水的上升高度大。如图 1.4.8 中的孔隙半径分布,在深度 A 处,所有的孔隙中都充满水,含水饱和度为 $S_w = 1$。在深度 B 处,某些孔隙充满水,其他的为油,即 $0 < S_w < 1$。在深度 C 处,孔隙中充满油,即 $S_w = 0$。

因此,在自由水界面之上,含水饱和度将随含油高度 h 的增加而减小,自由水界面就是储层中毛细管压力为零的最高点,如图 1.4.9 所示。按照图 1.4.8 中的毛细管力模型,在自由水界面之上一定深度内,含水饱和度也为 1。含水饱和度为 1 的最高点,称为油水界面。在水湿岩石中,油水界面高于自由水界面。

按照式(1.4.20),毛细管压力的值为:

$$p_{cap} = p_o(h) - p_w(h) = (\rho_w - \rho_o)gh \qquad (1.4.21)$$

式中 p_{cap}——毛细管压力,Pa;

p_o——油层压力,Pa;

p_w——水层压力,Pa;

ρ_w——水的密度,kg/m^3;

ρ_o——油的密度,kg/m^3;

g——重力加速度,m/s^2;

h——含油高度,m。

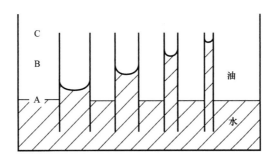

图 1.4.8   一组不同半径的毛细管

按照式(1.4.19),毛细管中的水被提升得较高

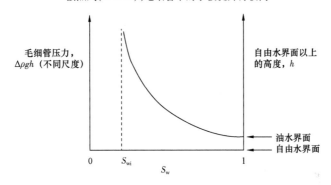

图 1.4.9   毛细管压力(左刻度)和自由水界面以上的高度(右刻度)都是含水饱和度的函数

因此,图 1.4.9 中的纵坐标本质上既代表了毛细管压力,又代表了自由水界面之上的高度,区别只是一个乘积系数$(\rho_w - \rho_o)g$。因此,图 1.4.9 既代表了油水过渡带,也代表了饱和度与毛细管压力的函数关系。

此处的函数关系 $p_{cap} = (\rho_w - \rho_o)gh$ 没有考虑岩石的几何结构,并假设岩石为水湿。图 1.4.9 的 $p_{cap}(S_w)$ 曲线的精确形态,取决于孔隙的几何形态和孔隙的分布特征。

对于简单的平行毛细管束模型,可以推导精确的孔隙分布与曲线形态的关系。但对于实际岩石中孔隙彼此连通,其关系就不那么简单了,但总是可以知道,孔隙分布较窄的岩石 p_c 曲线形状几乎水平,孔隙分布较宽的岩石 p_c 曲线逐渐变陡,如图 1.4.10 所示。对于一种极端的例子,所有的毛细管半径都为 R 时,p_c 曲线完全为一根水平线,对应的值为 $p_{cap} = 2\gamma_{ow}\cos\theta/R$。

虽然按照毛细管束模型中的预测,在自由水界面一定高度以上,含水饱和度为零,但实际岩石中,由于束缚水饱和度的存在,含水饱和度不会降至零,束缚水饱和度通常高于 10%(图 1.4.10)。因此在水湿岩石中,通常没有只含油不含水的区域!

1.4.6   Leverett J 函数

常见的毛细管压力函数方程是 J 函数。可以从毛细管束模型推导出这个函数关系。

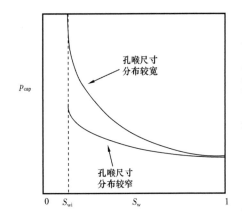

图 1.4.10 两块岩石中的毛细管压力曲线
一个孔喉尺寸分布较窄,
一个孔喉尺寸分布较宽

考虑最简单的毛细管束模型,模型中毛细管的半径均相同,为 R,毛细管压力为 $p_{cap} = 2\gamma_{ow}\cos\theta/R$。用孔隙直径 d 表示为 $p_{cap} = 4\gamma_{ow}\cos\theta/d$。这个毛细管束的渗透率为 $K = \phi d^2/96$。孔隙直径可表示为 $d = (96K/\phi)1/2$。将其代入毛细管压力方程并整理得到:

$$\frac{1}{\gamma\cos\theta}\sqrt{\frac{K}{\phi}}p_{cap} = \frac{1}{\sqrt{6}} \qquad (1.4.22)$$

式中 γ——界面张力,N/m;

θ——接触角,(°);

K——渗透率,m^2;

ϕ——孔隙度;

p_{cap}——毛细管压力,Pa。

式(1.4.22)左侧为毛细管压力的无量纲形式。对于均一情况的毛细管束模型,右侧为常数,但该模型对实际岩石过于简化。进一步地,还可发现,毛细管压力随饱和度而变化。

因此,可以将式(1.4.22)右侧的常数用饱和度的无量纲函数代替,Leverett(1941)将其称为"J 函数"。这个函数取决于岩石属性及其形状,进一步地,取决于孔隙几何特征。因此,毛细管压力的形式为:

$$\frac{1}{\gamma\cos\theta}\sqrt{\frac{K}{\phi}}p_{cap} = J(S_w) \qquad (1.4.23)$$

式中 J——J 函数;

S_w——含水饱和度。

应用 J 函数的基本逻辑是,虽然如孔隙度、渗透率及毛细管压力等属性在一个沉积单元内变化,但通常在单元内 J 函数不变。因此,可以通过测量 p_{cap} 得到 J 函数,再利用式(1.4.22)估计同一单元内,其他岩石的毛细管压力曲线。

J 函数的另一个应用是将实验室中的毛细管压力测量曲线转换为储层中流体的毛细管压力曲线。假设实验室测量的 p_{cap} 具有确定值 γ 和 θ,表示为 γ_{lab} 和 θ_{lab};那么式(1.4.23)形式如下:

$$\frac{1}{\gamma_{lab}\cos\theta_{lab}}\sqrt{\frac{K}{\phi}}p_{cap}^{lab} = J(S_w) \qquad (1.4.24)$$

式中 γ_{lab}——实验室测量的界面张力,N/m;

θ_{lab}——实验室测量的接触角,(°);

p_{cap}^{lab}——实验室测量的毛细管压力,Pa。

储层中,岩石可能具有相同的 K 和 ϕ,但流体可能不同,因此会有不同的 γ 和 θ,即 γ_{res} 和 θ_{res}。因此储层条件下的关系如下:

$$\frac{1}{\gamma_{res}\cos\theta_{res}}\sqrt{\frac{K}{\phi}}p_{cap}^{res} = J(S_w) \tag{1.4.25}$$

式中　γ_{res}——油藏条件下的界面张力,N/m;

　　　θ_{res}——油藏条件下的接触角,(°);

　　　p_{cap}^{res}——油藏条件下的毛细管压力,Pa。

如果式(1.4.24)与式(1.4.25)相等,那么整理得到式(1.4.26):

$$p_{cap}^{res} = p_{cap}^{lab}\left(\frac{\gamma_{res}\cos\theta_{res}}{\gamma_{lab}\cos\theta_{lab}}\right) \tag{1.4.26}$$

式(1.4.26)展示了如何将实验室岩心测量的毛细管压力结果转化为储层条件下的情况。

1.5　两相流相对渗透率

1.5.1　相对渗透率的概念

在本章第三节,定义和讨论了渗透率的概念,但只是岩石中饱和单相流体的情况。在本章第四节中提到,储层中总是至少包含两相流体,油和水,有时还会有三相流体,油、水和气。因此必须将渗透率的概念拓展到孔隙空间中存在多相流体的情况。

将达西公式推广至两相流情况,最简单的方式是假设每一相都符合达西公式,但具有各自的参数——压力、黏度和渗透率。

$$q_w = \frac{-K_w}{\mu_w}\frac{dp_w}{dx},\ q_o = \frac{-K_o}{\mu_o}\frac{dp_o}{dx} \tag{1.5.1}$$

式中　q_w——水相流速,m/s;

　　　K_w——水相渗透率,m^2;

　　　μ_w——水相黏度,Pa·s;

　　　p_w——水相压力,Pa;

　　　q_o——油相流速,m/s;

　　　K_o——油相渗透率,m^2;

　　　μ_o——油相黏度,Pa·s;

　　　p_o——油相压力,Pa。

油相和水相的压力不同,压力受毛细管压力影响,且是饱和度的函数。

更常见的是将有效渗透率表达成单相绝对渗透率和相对渗透率的组合形式。注意相对渗透率是无量纲的。式(1.5.1)可以转换为式(1.5.2):

$$q_w = \frac{-KK_{rw}}{\mu_w}\frac{dp_w}{dx},\ q_o = \frac{-KK_{ro}}{\mu_o}\frac{dp_o}{dx} \tag{1.5.2}$$

式中　K——绝对渗透率,m^2;

　　　K_{rw}——水相相对渗透率,m^2;

　　　K_{ro}——油相相对渗透率,m^2。

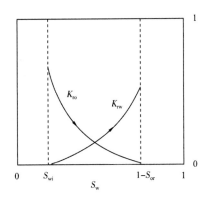

图 1.5.1 油水相渗曲线

每一相的相对渗透率都是相饱和度的函数。如果孔隙中一部分是水,那油的渗透率会被明显压制,反之亦然。因此,每一相的相渗都是饱和度的单调递增函数。

首先考虑吸入的情况,就如同将水注入水湿储层中进行驱油。该过程从 $S_w = S_{wi}$ 开始,这里 S_{wi} 是束缚水饱和度,就是原油运移进储层后,岩石中剩余的水量。按照定义,K_{rw} 在 $S_w = S_{wi}$ 时几乎为零。另一方面,当 $S_w = S_{wi}$ 时,K_{ro} 也将被限制而小于1,如图1.5.1所示。

现在设想将水注入岩石,进而 S_w 上升。因为相对渗透率随饱和度单调上升,因此 K_{rw} 增加,K_{ro} 减小。吸入过程会持续至含油饱和度达到残余油饱和度 $S_o = S_{or}$,K_{ro} 降至零。

S_{wi} 和 S_{or} 被称为相渗曲线的端点值,在每个端点值处的相对渗透率被称为端点相渗。

相渗曲线的精确形状取决于岩石的孔隙结构。常用幂函数来拟合这些曲线。相渗曲线不是饱和度函数的线性方程,即便有时在裂缝性储层中会假设其为简单的线性特征,那是因为裂缝的相渗很难测得。关于将裂缝性储层假设为线性特征的适用条件的讨论可参考 Porte (2005)的文章。

1.5.2 残余油饱和度

事实上,首次排驱之后的束缚水饱和度 S_{wi} 不是零,吸入之后的残余油饱和度 S_{or} 也不是零,这一点对油藏工程来说非常重要。与许多岩石属性不同,束缚水和残余油的概念不能用平行毛细管模型解释。事实上,按照平行毛细管模型,将得到 $S_{wi} = S_{or} = 0$。束缚水与残余油的现象与岩石孔隙的非均质性和不连通情况密切相关。

可以通过最简单的,包含一定程度非均质和非连通的孔隙模型来定量理解这一现象。如图1.5.2所示,考虑两个并列的孔隙,这两个孔隙由一个孔隙分叉形成,两个孔隙半径不同,之后又合并成一个孔隙。

设想两个孔隙初期都充满油,如图1.5.2(a)所示。由左边慢慢注水。按照 Young – Laplace 方程,式(1.4.12),两个孔隙中的毛细管压力与孔隙半径成反比。按照泊肃叶方程,式(1.3.13),渗透率与孔隙半径的平方成正比。因此,按照达西公式,式(1.3.3),孔隙中的平均速度与 R 成正比。故而,水在大孔隙中的运动速度更快,如图1.5.2(b)所示。

当水在大孔隙中到达端点时,可以从远端进入小孔隙,如图1.5.2(c)所示,从而,将小孔隙中的一部分油封闭起来。这可以简单说明残余油的成因,即在水

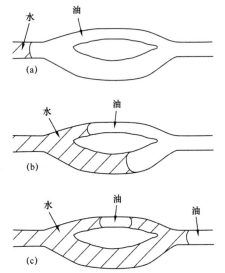

图 1.5.2 油在喉道内的水驱过程中如何被封闭起来,从而提高了残余油饱和度的下限

驱之后,残余油饱和度不为零。

1.6 电阻率

电阻率不会直接影响原油产量,也不会影响流体流动,但却对油藏工程非常重要,因为其可以通过测井工具下井测量,其测量值便指示含油饱和度。应用测井工具测量电阻率的详细解释过程将在测井分析中详细讨论,本章中只讨论一些涉及流体饱和度的电阻率的一些基本概念。

电流符合欧姆定律,欧姆定律指出,电流 I 等于电压降 ΔV 除以电阻率 R:

$$I = \frac{\Delta V}{R} \tag{1.6.1}$$

电荷的单位是 C,因此电流的单位是 C/s。电阻的单位是 V·s/C,也就是 Ω。按照式(1.6.1)的欧姆定律,R 是材料的属性,但也和导体的形状和尺寸相关。

现在考虑一个圆形导体,长度为 L,截面积为 A,如图 1.6.1 所示。电流将正比于 A,反比于 L。

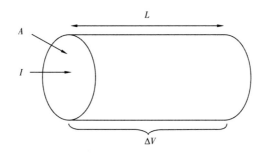

图 1.6.1 柱状岩心,截面为 A,长度为 L,轴向的电压降为 ΔV。
材料的传导率为 σ,则电流为 $I = \sigma A \Delta V / L$

因此,电阻率的表达式如下:

$$R = \rho \frac{L}{A} \tag{1.6.2}$$

这里的电阻系数 ρ 是材料的固有属性,与导体的几何形状无关。电阻率的单位是 Ω·m。因此,式(1.6.1)可以表示为:

$$I = \frac{A}{\rho} \frac{\Delta V}{L} \tag{1.6.3}$$

可以定义电导率 $\sigma = 1/\rho$,则:

$$I = \sigma A \frac{\Delta V}{L} \tag{1.6.4}$$

按照这种形式,可以类比欧姆定律与达西定律,电流与水流相似,电压降与压力降相似,电导率与渗透率/黏度(流度)相似。

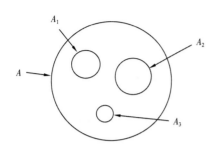

图 1.6.2 孔隙性岩石的柱状毛细管模型
用来推导地层导电系数

形成岩石的矿物的电导率通常非常低,烃类流体的电导率也很低。但孔隙中的水中常含有矿物质,如 NaCl 和 KCl,提供了水的导电性。这些盐水的电导率通常比岩石高出 10 个数量级。因此,电流主要在孔隙中的水中流过。

就像渗透率和毛细管压力那样,可以通过毛细管束模型来理解电导率受孔隙结构的影响。在理想岩石中,如图 1.6.2 所示,A 是岩石的总面积,A_n 是孔隙的面积。

设想孔隙中充满盐水,电导率为 σ_w。岩心进入纸内的长度为 L,电压降为 ΔV,那么流过第 n 根毛细管的电流就是:

$$I_n = \sigma_w A_n \frac{\Delta V}{L} \tag{1.6.5}$$

总的电流就是:

$$I = \sum_{n=1}^{N} I_n = \sum_{n=1}^{N} \sigma_w A_n \frac{\Delta V}{L} = \sigma_w \frac{\Delta V}{L} \sum_{n=1}^{N} A_n = \sigma_w \frac{\Delta V}{L} A_{pores} = \sigma_w \frac{\Delta V}{L} \phi A \tag{1.6.6}$$

与式(1.6.4)的欧姆定律对比,饱和流体的岩石的有效电导率就是 $\sigma_{eff} = \sigma_w \phi$。这个值受岩石和卤水的影响。本节对卤水不感兴趣,因此希望推导出一个反映岩石属性的参数。定义地层电阻率因子,也叫地层系数,即卤水电导率与饱和卤水的岩石的有效电导率的比值:

$$F \equiv \frac{\sigma(卤水)}{\sigma(饱和卤水的岩石)} \tag{1.6.7}$$

电阻率是电导率的倒数,因此:

$$F \equiv \frac{\rho(饱和卤水的岩石)}{\rho(卤水)} \tag{1.6.8}$$

对于平行毛细管模型,$\sigma_{eff} = \sigma_w \phi$,因此:

$$F \equiv \frac{\sigma(卤水)}{\sigma(饱和卤水的岩石)} = \frac{1}{\phi} \tag{1.6.9}$$

相比于渗透率受孔隙尺寸影响很大,地层因子不受孔隙尺寸的影响。

如果与渗透率作相同的判断,只有三分之一的孔隙与电压降的方向一致,那么:

$$F = 3\phi^{-1} \tag{1.6.10}$$

式(1.6.10)说明,较小孔隙的岩石中 F 较大,但这对油藏工程来说不够精细。对 F 的实验测量显示,孔隙度对 F 的影响指数大于 -1[式(1.6.10)]。Archie(1942)将式(1.6.10)中的 3 和 -1 都用参数替换。其结果就是 Archie 公式。

$$F = b\phi^{-m} \tag{1.6.11}$$

参数 b 被称为迂曲度，m 被称为胶结指数，但这些说法已经过时了，且没有应用价值。

Archie 公式在同一油藏中，对不同的岩石组成都适用。对砂岩来说，m 常在 1.5~2.5 之间，并通常为 2；对碳酸盐岩来说，m 值常大于 4。b 通常接近于 1。图 1.6.3 展示了 Vosges 和 Fontainebleau 砂岩的数据（Ruffet，1991），其中 $b = 0.496$，$m = 2.05$。

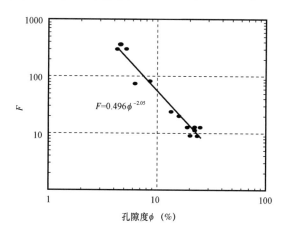

图 1.6.3　Vosges 和 Fontainebleau 砂岩地层系数测量结果

其为孔隙度的函数（Ruffet et al.，1991），为阿尔奇公式提供合理的回归关系，$b = 0.496$，$m = 2.05$

虽然 Archie 公式对油藏工程非常有用，但其并不是岩石物理的基本定律，而是一个精度能够满足油藏工程需求的简单拟合关系。

看起来似乎还可以用 Archie 公式估计孔隙度，但事实上，有很多更精确的方法来估计孔隙度，比如岩心和测井分析。Archie 公式的作用主要是估计饱和度。为了理解 Archie 公式的适用性，需要考虑岩石部分含油、部分含水的情况。

对既含油又含水的岩石，通常应用 Archie 公式的另一种变形，称为 Archie 第二公式：

$$F = b\phi^{-m}(S_w)^{-n} \tag{1.6.12}$$

这里 n 是饱和度指数。水湿岩石中，n 接近于 2，油湿岩石中，n 常大于 10。如果假设在整个油藏中，或某个岩石单元内 n 为常数，那么式（1.6.12）就可以基于电阻率测量结果估计含水饱和度和含油饱和度。这将在测井部分详细讨论。

上述情形在泥质砂岩中更加复杂。泥质砂岩中，砂岩颗粒被泥质矿物覆盖。在这些覆盖物上形成了双电离层。在之前讨论的卤水以外，形成了电流的附加通道。为了更好地估计饱和度，需要在孔隙电流之外增加岩石的附加导电。这个附加导电取决于黏土矿物的导电性质，而不是卤水的固有导电。泥质砂岩的结果为：

$$\sigma(\text{饱和卤水的岩石}) = \frac{1}{F}(\sigma_w + BQ_v) \tag{1.6.13}$$

式中　Q_v——单位体积下双层上的电荷；

　　　B——常数。

式（1.6.13）称为 Waxman-Smits 公式，将会在后面岩心分析中进一步讨论。

1.7　流体和孔隙压缩性

1.7.1　流体压缩性

油的体积单位通常为 bbl,气的体积单位通常为 ft^3。但给定质量的油的体积受压力影响。当说一口井的产量为 100bbl/d 时,指的都是大气压力条件下,即 14.7psi 或以国际单位制的 101kPa。

流体体积和压力的关系使用压缩系数 C_f 表示,即体积对压力的分数导数(在恒定温度下,混合气体的总量):

$$C_f = -\frac{1}{V}\left(\frac{\partial V}{\partial p}\right)_T \qquad (1.7.1)$$

密度是体积的倒数,表示为 $\rho = 1/v$,这里 $v = V/$质量,因此,按照计算法则,压缩系数可定义如下:

$$C_f = \frac{1}{\rho}\left(\frac{\partial \rho}{\partial p}\right)_T \qquad (1.7.2)$$

压缩系数的量纲是压力分之一,单位为 1/psi 或 1/Pa。流体的压缩性通常随压力变化,水的压缩系数一般为 $0.5 \times 10^{-9} psi^{-1}$,油的压缩系数一般为 $1.0 \times 10^{-9} psi^{-1}$。

1.7.2　孔隙压缩性

原油由储层流入井底过程中,在给定位置会发生两个变化:压力下降和原油减少。流体压力的变化对孔隙中储集油量的多少具有重大影响。很明显,一方面是流体压缩性,另一方面是孔隙压缩性。

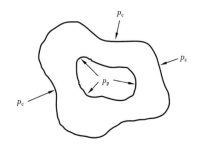

图 1.7.1　孔隙性岩石的概念模式
外部围压为 p_c,内部孔隙压力为 p_p

回顾式(1.7.1),一个均质固体或流体的体积为 V,压力为 p,压缩系数为 C,其定义如下:

$$C = \frac{-1}{V}\left(\frac{\partial V}{\partial p}\right) \qquad (1.7.3)$$

对于孔隙性岩石(图 1.7.1),需要考虑两个体积,孔隙体积和岩石体积;两个压力,孔隙压力和围压。因此可以得到 4 个压缩系数:

$$C_{bc} = \frac{-1}{V_b}\left(\frac{\partial V_b}{\partial p_c}\right)_{p_p},\quad C_{bp} = \frac{1}{V_b}\left(\frac{\partial V_b}{\partial p_p}\right)_{p_c} \qquad (1.7.4)$$

$$C_{pc} = \frac{-1}{V_p}\left(\frac{\partial V_p}{\partial p_c}\right)_{p_p},\quad C_{pp} = \frac{1}{V_p}\left(\frac{\partial V_p}{\partial p_p}\right)_{p_c} \qquad (1.7.5)$$

随孔隙压力变化的孔隙压缩系数为 C_{pp},在物质平衡计算中将会用到。流体压缩系数和孔隙压缩系数的总和为总压缩系数,$C_t = C_f + C_{pp}$,在试井分析中的压力扩散方程中将会用到。岩石压缩系数 C_{bc} 会影响地震压缩波的传播速度。岩石压缩系数与埋藏计算相关。

与所有岩石物理属性一样,孔隙性岩石的压缩系数受孔隙几何尺寸的控制。简单地说,水平的裂缝性孔隙更易压缩,而更大的圆形孔隙压缩性较差。

不同岩石的孔隙压缩性不同。同时,孔隙压缩性随孔隙压力变化剧烈。简单地说,砂岩储层的孔隙压缩系数 C_{pp} 为 $(1 \sim 10) \times 10^{-6} psi^{-1}$,或 $(2 \sim 15) \times 10^{-4} MPa^{-1}$。更多关于砂岩压缩系数的数据可参考 Zimmerman(1991),以及 Mavko(2009)所著的《岩石物理手册》。

参 考 文 献

Archie,G. E. (1942). The electrical resistivity log as an aid in determining some reservoir characteristics,*Petrol. Trans. AIME*,146,54 – 62.

Bear,J. (1972). *Dynamics of Fluids in Porous Media*,American Elsevier,New York.

Beran,M. (1968). *Statistical Continuum Theories*,Interscience,London.

de la Porte,J. J. ,Kossack,C. A. and Zimmerman,R. W. (2005). The effect of fracture relative permeabilities and capillary pressures on the numerical simulation of naturally fractured reservoirs. SPE Annual Technical Conference held in Dallas,(SPE 95241).

de Marsily,G. (1986). *Quantitative Hydrogeology*,Academic Press,San Diego.

Dullien,F. A. L. (1992). *Porous Media：Fluid Transport and Pore Structure*,2nd ed. ,Academic Press,San Diego.

Leverett,M. C. (1941). Capillary behaviour in porous solids,*Petrol. Trans. AIME*,142,159 – 172.

Mavko,G. ,Mukerji,T. and Dvorkin,J. (2009). *The Rock Physics Handbook*,2nd ed. ,Cambridge University Press, Cambridge.

Ruffet,C. ,Gueguen,Y. and Darot,M. (1991). Complex conductivity measurements and fractal nature of porosity, *Geophysics*,56(6),758 – 768.

Scheidegger,A. E. (1974). *The Physics of Flow through Porous Media*,University of Toronto Press,Toronto.

Zimmerman,R. W. (1991). *Compressibility of Sandstones*,Elsevier,Amsterdam.

问　　题

1. 考虑一个圆盘型油藏,厚度 10m,水平方向半径 5km。平均孔隙度为 15%,含水饱和度为 0.3,含油饱和度为 0.7。

(1)忽略油在开采中的膨胀,那么油藏中的原油体积是多少? 1bbl 等于 0.1589m³。

(2)如果油的密度为 900kg/m³,那么油藏中原油质量是多少?

2. 实验室测量,岩心两侧压降为 100kPa,岩心长度 10cm,半径 2cm。岩心渗透率为 200mD,孔隙度为 15%,水的黏度为 0.001Pa·s。

(1)那么水的体积流量是多少,单位 m³/s?

(2)$q = Q/A$ 的值是多少,单位 m/s?

3. 假设第 2 题中的岩心可使用平行管模型表示。

(1)使用式(1.3.16),估计平均孔隙半径。

(2)岩石中水粒子的平均流速是多少?

(3)按照式(1.3.11),惯性项相对于压力项的重要性可通过雷诺数定义,表示为 $Re = \rho v d / \mu$。该实验中的雷诺数是多少? 注意,达西公式只在 Re 小于 1 时适用(Bear,1972)。

4. 假设一个层状储层,各层厚度均为 1m,渗透率分别为 1000mD,100mD,10mD。

(1)储层的顺层有效渗透率是多少?

(2)储层的垂向有效渗透率是多少?

(3)假设储层中,3 种岩石的比例一致,但随机分布在储层中,那么其有效渗透率为多少?

5. 考虑水中的一颗液滴。油水的界面张力为 0.02N/m。如果液滴的半径是 0.05mm,那么毛细管压力是多少? 水中的压力高还是油中的压力高?

6. 考虑岩石的平行管模型。假设每个孔隙的半径都是 20mm,界面张力 $\gamma = 0.02$N/m,油的密度 $\rho_o = 900$kg/m^3,水的密度 $\rho_w = 1 \times 10^3$kg/m^3,接触角为 45°,重力加速度 $g = 9.8$m/s^2。如果将岩石置于一个下部盛水、上部盛油的罐体中,如图 1.4.7 所示,那么水在孔隙中的上升高度是多少?

7. 考虑一个均质储层,孔隙半径 $\phi = 0.20$,渗透率 $K = 200$mD,油水界面张力 $\gamma = 0.03$N/m,接触角为 35°。原油的密度为 850kg/m^3,水的密度为 1050kg/m^3。通过实验室测量,J 函数为 4.23 时,达到束缚水饱和度。那么油水过渡带的高度是多少? 提示,使用式(1.4.23)将 J 函数转换为 p_c,使用式(1.4.21)将 p_c 转换为高度。

第2章　常规油藏提高采收率

2.1　提高采收率的定义、技术和行业中的作用概述

2.1.1　本章的目标

本章对提高采收率技术(EOR)进行整体介绍。主要包括目前在常规、中质到轻质,黑油领域应用的技术。本章将首先对 EOR 技术的现状和未来数十年的发展方向进行概述。然后,分宏观驱油效率和微观驱油效率建立 EOR 的研究框架。第三部分在分相流框架下,详细介绍注气提高采收率技术。最后一部分讨论更加常规的化学驱 EOR 技术,以及低矿化度水驱技术。

2.1.2　定义和技术

EOR 过程是一种开发策略,就是将流体、化学物质及热量注入油藏,以改变多相流和岩石系统的温度、物理属性和化学属性。表 2.1.1 列出了 EOR 与初次采油和二次采油技术间的分类关系。还有一些更精确的定义,其中最好的一个表述为:EOR 是将那些原来未存在于油藏中的热量和流体注入油藏,以增加产量的技术。EOR 与二次采油和其他保持油藏压力的技术不同。EOR 常被称为三次采油,但事实上如果将其作为二次采油方法,其效果还会更好。另一个术语 IOR,其包含 EOR 技术的同时,还包含如井距和注采制度等旨在开发注水过路区域剩余油的油藏管理实践。非常规开发这一术语表述的是需要采用水力压裂方式,对致密油藏进行开发。

表 2.1.1　EOR 的定义及与其他开发技术的关系

一次采油
(1)自喷
(2)人工举升
二次采油
(1)水驱
(2)保持压力
EOR
(1)热采
(2)化学 EOR
(3)气驱
IOR
(1)包括 EOR
(2)新井
(3)通过油藏管理提高波及体积
非常规
(1)页岩油—致密油
(2)重质油萃取
(3)干酪根(油页岩)

从 19 世纪 70 年代起,已经广泛实现了具有经济性的注气、注化学剂和注热等 EOR 技术的应用。后面章节中讨论的不同 EOR 技术的地理分布,是当地经济,地质、法规环境的综合体现。表 2.1.2 展示了大类 EOR 技术的筛选标准。注气可应用于各级渗透率储层,但更倾向于较深、具有较高压力的油藏,从而可以实现注入气与残余油的混相。注气对于轻质原油,即便残余油饱和度低至 0.2 的油藏仍有经济效益。相对地,注蒸汽更适用于重质油和非常规油。注蒸汽对较高的含油饱和度、较高的油藏渗透率和较浅的油藏深度,经济性更好。另一方面,注蒸汽常应用于那些无法生产的超重油开发。化学 EOR 技术这个术语是用来描述那些改变水的化学性质,包括添加聚合物和表面活性剂等人工化学物质或改变注入水矿化度(低矿化度或高含硫)的方法。聚合物通常应用于黏度中等的冷采原油、高渗透率砂岩储层,同时要求地层矿化度不是特别高,当然,也开发了新的聚合物以应对更具挑战的环境(高矿化度,高温,碳酸盐岩储层)。低矿化度水驱可能只适用于地层水矿化度较高,原油中包含极性物质,储层中包含高岭石等黏土矿物的砂岩油藏中。

表 2.1.2　EOR 的筛选标准(Taber et al. ,1997a,1997b)

方法	°API	饱和度(%)	深度(m)
氮气	35 ~ 48	40 ~ 75	>1800
烃气	24 ~ 41	30 ~ 80	>1200
CO_2	22 ~ 36	20 ~ 55	>800
聚合物	>15	50 ~ 80	<2700
蒸汽	>8	40 ~ 66	<1400

2.1.3　提高采收率现状和在未来石油生产中的作用

2014 年,EOR 技术对全球原油产量的贡献是 $1.7 \times 10^6 \text{bbl/d}$(Koottungal, 2014;IEA, 2013b)。约占全球原油产量的 2%,主要集中在美国、委内瑞拉、加拿大和印度尼西亚(图 2.1.1)。相对于世界平均水平,在这些国家 EOR 的产量份额更大。1992 年,美国达到 10%,到 2014 年,加拿大达到 10%,委内瑞拉达到 16%。

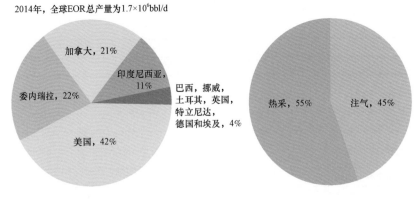

2014年,全球EOR总产量为1.7×10^6bbl/d

加拿大, 21%
印度尼西亚, 11%
委内瑞拉, 22%
巴西,挪威,土耳其,英国,特立尼达,德国和埃及, 4%
美国, 42%
热采, 55%
注气, 45%

图 2.1.1　2014 年,全球使用 EOR 技术的原油产量(Koottungal,2014)

EOR 技术的应用在全世界并不均衡。蒸汽驱产量约占一半以上,剩余的大部分采用以 CO_2 和烃气为主的注气驱开发方式。化学驱在中国(20 世纪 90 年代以后)以外的地区应用很少,但开展了大量研究,发展迅速。在美国,EOR 中 60% 的产量来自注气,其他是注热,主要是蒸汽驱。同时,气驱产量比例稳步提升(图 2.1.2)。而在加拿大,正好相反,80% 的 EOR 产量来自注蒸汽,只有 10% 来自注气。在委内瑞拉,三分之二的产量来自注蒸汽,余下三分之一是注烃气。印度尼西亚的 EOR 产量几乎完全来自世界最大的注蒸汽项目,Duri 油田。世界剩余 4% 的 EOR 项目中,注蒸汽项目贡献了其中的绝大部分。注蒸汽项目的地理分布广泛,主要在重油资源丰富的加拿大和委内瑞拉。注气项目地理分布相对局限,主要在美国西部地区,除此之外的地区,CO_2 资源相对缺乏。

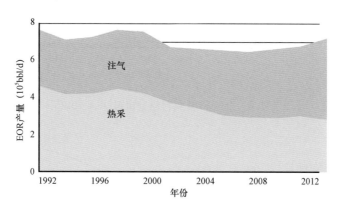

图 2.1.2   1992 年以来,美国 EOR 技术的产量,按照技术类型分类(Koottungal,2014)

短期预测显示,EOR 产量在 21 世纪中期将持续发挥重要作用,但比例仍然有限。IEA 的近期估计认为,到 2035 年,EOR 的产量只能增长到 3.4×10^6 bbl/d(图 2.1.3)。在美国,预测认为到 2040 年,注 CO_2 的产量可能会由目前的 250000bbl/d,翻 2～3 番,至 450000～1000000bbl/d,这主要取决于油价。Wallace 和 Kuuskraa 基于 2016 年以前来自网上的明确项目信息研究认为,产量的大幅增长会在 2020 年以前到来。对 EOR 项目的限制,主要是由于二次采油技术仍可生产足够的原油。同时,由于技术进步,大量非常规原油被生产出来,油气是页岩油,或称为轻质致密油。开采这些原油的回报速度快,投资回收期 2 年以内,因而受到借贷能力有限的小公司的青睐,这也会限制 EOR 项目的实施。因此,在美国,非常规原油的产量在 30 年内实现了翻番,总的原油产量在 2010—2020 年间,便从 4.5×10^6 bbl/d 增长到 9.6×10^6 bbl/d。这主要来自 Bakken、Eagle Ford、Permian 盆地的致密油地层。这导致了在未来 10 年,EOR 的作用将进一步萎缩。在低成本开发技术需求旺盛的阶段,EOR 技术只会贡献较小的产量比例,但 EOR 对提高最终采收率仍具有重大意义。成熟常规原油的平均采收率为 20%~40%。EOR 的目标是将其增加至 50%~70%。对其潜力的初步估计是,不同的估计认为总的原油原地量约为 1×10^{13} bbl。目前油田的采收率约为 0.25。这意味着不使用 EOR 技术,只有 2.5×10^{12} bbl 原油能够产出,增加 10% 的采收率,意味着 3.5×10^{12} bbl 原油能够产出,即增加了 10^{12} bbl 原油,这相当于目前已经采出原油的总量! 超过之前估计原油供应量的 50%。

全球不同的评估认为,全球范围内使用 EOR 技术可以增加原油(3000～10000)$\times 10^8$ bbl(ARI,2009;IEA,2013b;Wallace and Kuuskraa,2014)(图 2.1.4 和图 2.1.5)。美国能源信息署认为可满足至少 25 年的原油需求。广泛应用 EOR 技术至少可以实现 50% 的评估量,因此,EOR 是重要的后备技术。

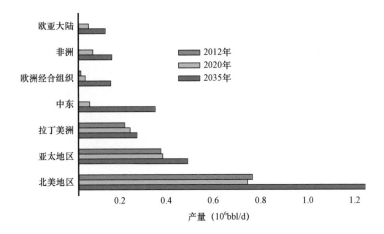

图 2.1.3　全球 EOR 项目模型预测(IEA,2013b)

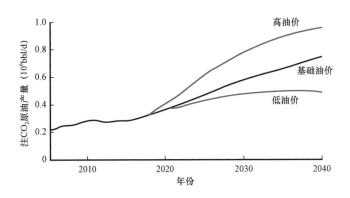

图 2.1.4　模型预测的美国注 CO_2 EOR 产量(USEIA,2014)

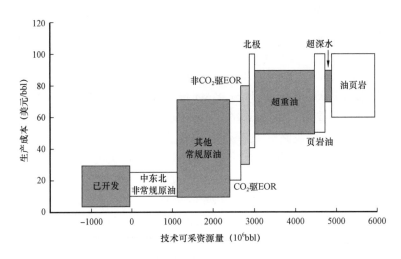

图 2.1.5　技术可采储量与生产成本的关系

包括不考虑 CO_2 价格(非 CO_2 驱 EOR)和存在 CO_2 税(CO_2 驱 EOR,150 美元/t)两种情况(IEA,2013a)

2.2 提高采收率

2.2.1 采收率

采收率 R_F 的定义为标准条件下产出油量 N_p 与油的原始地质储量 N 的比值。

$$R_F = \frac{N_p}{N} \qquad (2.2.1)$$

式中 R_F——采收率;

N_p——产出量,m^3;

N——原始地质储量,m^3。

水驱是新发现油田最常用的开发方式。在驱替开发过程中,物质平衡和递减分析并不总是能够用于估计采收率。采收率可能会因生产过程而被改变,最近 Smalley 等(2009)从技术和经济角度进行了研究,BP 也使用了这种方式。采收率由孔隙驱油效率 E_{ps}、储层波及体积 E_s、连通体积比例 E_D 和有经济效益部分的比例 E_c 决定:

$$R_F = E_{PS} \times E_S \times E_D \times E_C \qquad (2.2.2)$$

式中 R_F——采收率;

E_{PS}——孔隙驱油效率;

E_S——波及体积,m^3;

E_D——连通储层比;

E_C——有经济效益部分的比例。

EOR 技术主要提高孔隙尺度驱油效率和储层波及体积。增加连通体积比例属于 IOR 范畴,所有这些因素都与经济界限相关。

2.2.2 微观驱油效率的限制

地下储层岩石的孔隙尺寸为 10^{-4} m 或更小。当流体流过时,流体相之间、流体与固体之间的界面张力非常重要,毛细管力控制了孔隙中流体的流动。这通常用无量纲的毛细管数来表征:

$$N_c = \frac{v\mu}{\sigma} \qquad (2.2.3)$$

式中 N_c——毛细管数;

v——线性流速,m/s;

μ——黏度,Pa·s;

σ——界面张力,N/m。

毛细管数表示界面张力与黏滞力之间的平衡,在固结岩石中,通常 N_c 小于 10^{-5} 时,界面张力起主导作用。

这时,非润湿相流体将从大孔隙的中部通过,而润湿相流体将沿着孔壁流动,并占据小孔隙。天然条件下,表面化学性质不随烃类存在与否改变,水相对于油和气,表现为润湿相。此时，油相将通过孔隙中间运动，而卤水可以沿孔壁自由流动。因此，油流的节点可能会因水膜将流动路径截断而被孤立（Roof，1970；Lenormand et al.，1983）。这些油流的节点被称为残余油，残余油饱和度代表了在毛细管压力控制下的微观驱油效率的限制。水湿岩石中，通常为孔隙体积的 15% ~ 35%（Pentland et al.，2010），相当于原油总量的四分之一到一半（图 2.2.1）。这类系统中，一旦单一孔隙被水突破，含油饱和度将降至残余油饱和度（Salathiel，1973；Anderson，1987）。

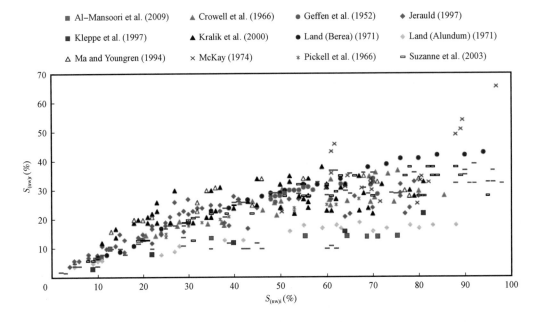

图 2.2.1　文献中原始含水饱和度与最终含水饱和度关系汇总（Pentland et al.，2010）

烃类的存在会将局部矿物表面转变为油湿。因为原来非润湿相会存在于大孔隙中，这会导致大孔隙亲油而小孔隙亲水。这就是混合润湿，被认为是实际油藏中最常见的情形。混合润湿系统中，几乎所有原油都能被驱替出来，但相比于水湿型，其需要大得多的驱替倍数（Salathiel，1973；Anderson，1987）。

如果毛细管压力控制了流体在孔隙内的平衡，那么残余油饱和度就会稳定，如 N_c 小于 10^{-5} 的情况。大量的 EOR 技术都意识到要破坏毛细管压力对局部流体分布的控制（图 2.2.2）。化学驱技术就是应用溶剂降低油水界面张力。溶解气驱就是通过注入 CO_2 或其他烃类流体与原油混相，进而采出残余油。

通过简单分析可以大致估计一下，界面张力降低多少才能体现出 EOR 的效果。油藏内的流速通常为 $v \approx 1\text{m/d} \approx 10^{-5}\text{m/s}$，油水界面张力通常为 $6 \times 10^{-2}\text{N/m}$，轻质原油的黏度约为 $\mu = 10^{-3}\text{Pa} \cdot \text{s}$。此时 $N_c \approx 10^{-7}$，这意味着需要将该数值增大 100 倍甚至更大，才能降低残余非润湿相的饱和度。因此，EOR 技术需要将界面张力降至 10^{-3}N/m 以下。需要注意的是，这样的毛细管数对其他多相流属性也有影响。相对渗透率会增加，毛细管作用会减小（图 2.2.3）。

提高微观波及效率的方式对提高采收率的综合影响可将 $0.5 < E_{PS} < 0.75$ 改善到 $0.7 < E_{PS} < 1$。

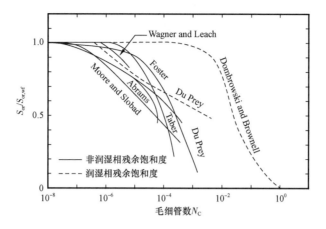

图 2.2.2　在达到毛细管数门限值以后,残余饱和度随毛细管数的增加而降低(Fulcher et al. ,1985)
曲线上的标注为样品名

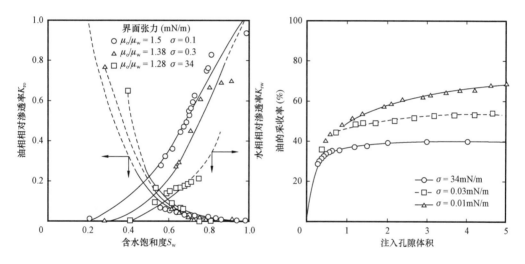

图 2.2.3　在线性驱替岩心中,界面张力减小对相渗和原油采收率的影响(Amaefule and Handy,1982)

2.2.3　宏观驱油效率的限制

原油的采收率总是低于微观上的驱油效率,因为注入流体总是沿着一部分储层驱油,即便在注采井之间具有较好的连通性。这个导致采收率减少的原因用宏观驱油效率来表征,其受原油性质、注入流体性质和储层地质因素的综合影响。包括如下三种类型:

(1)由于黏度不同造成的流体运动的非均质性;

(2)由于浮力影响造成的流体垂向分区;

(3)由于储层渗透率非均质性造成的流动通道。

黏度不同会导致黏性指进,如图 2.2.4 所示。发生在低黏流体驱油过程中,如轻油或水驱替稠油。其从岩石中小尺度和低频的渗透率波动开始。这会扰乱油和驱替流体的前缘,然后随着低黏流体的注入而逐渐发展。重要的是,因为该过程是随机的,因此难以准确预测黏性指进的模式,只能预测其平均特征(Todd and Longstaff,1972;Koval,1963;Homsy,1987)。这和渗透率非均质性造成的流动通道不同,渗透率造成的流动通道是确定的,总是沿着某些固定通道运动。

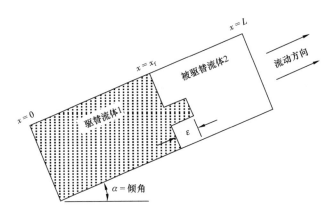

图 2.2.4 黏性指进驱替(Lake,1989)

黏性指进很容易发生在混相驱过程中,因其注入流体与原油的黏度比很高。可以通过考虑驱替前缘的小幅振荡来推导得到,如图 2.2.4 所示。在特定位置,是对整体运动前缘 dx_f/dt 与扰动运动前缘 $d(x_f+\varepsilon)/dt$ 进行比较。非稳定情况的表达式如下:

$$\frac{d\varepsilon}{dt} = \frac{d(x_f+\varepsilon)}{dt} - \frac{dx_f}{dt} > 0 \qquad (2.2.4)$$

式中 ε——局部扰动前缘位置,m;

　　t——驱替时间,s;

　　x_f——驱替前缘位置,m。

这里不对该模型进行详细推导,但可以通过分析得到简化的结论。混相驱中,忽略重力,驱油的稳定性取决于黏度比:

$$M = \frac{\mu_o}{\mu_d} \leqslant 1 \qquad (2.2.5)$$

式中 M——黏度比;

　　μ_o——原油黏度,Pa·s;

　　μ_d——混相流体黏度,Pa·s。

非混相驱中,驱替稳定性取决于波动前缘的流度比:

$$M_{sf} = \frac{\dfrac{K_{rw}(S_{wf})}{\mu_w} + \dfrac{K_{ro}(S_{wf})}{\mu_o}}{\dfrac{K_{ro}(S_{wc})}{\mu_o}} \leqslant 1 \qquad (2.2.6)$$

式中 M_{sf}——波动前缘的流度比;

　　K_{rw}——水相相对渗透率,m^2;

　　K_{ro}——油相相对渗透率,m^2;

μ_{w}——水相黏度,Pa·s;

μ_{o}——油相黏度,Pa·s;

S_{wf}——前缘含水饱和度;

S_{wc}——束缚水饱和度。

这里 $K_{rw}(S_{wf})$ 和 $K_{ro}(S_{wf})$ 是振动前缘饱和度 S_{wf} 下的油水的相对渗透率,$K_{ro}(S_{wc})$ 是束缚水饱和度下油的相对渗透率。

当 M 或 M_{sf} 大于 1 时,形成黏性指进,流度比越高,驱扫效率越低(图 2.2.5)。需要注意的是,一维 Buckley – Leverett 分析中,不能体现宏观黏性指进。同时,应用常规储层模拟也很难精确模拟黏性指进。需要非常精细的网格和随机的渗透率场,或是饱和度波动来触发指进作用(图 2.2.6)。通常情况下是用经验公式描述指进的平均作用(Todd and Longstaff,1972)。

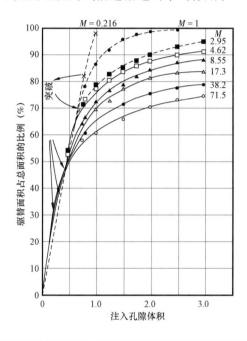

图 2.2.5 正方形五点井网条件下,黏性不稳定非混相驱的影响(Haberman,1960)

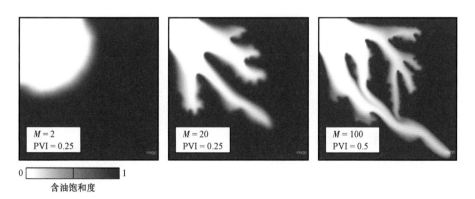

图 2.2.6 黏性指进降低了 Hele Shaw 网格的面积波及(Djabbarov,2014)

重力作用会加剧或减弱黏性指进,这取决于重力是增加了驱扫流体的流动(比如在油层下部注气向上驱油),还是降低了流动(比如在油层顶部注气向下驱油)。对于后面一种情况,黏性指进仍会发生,除非注入速度足够慢,从而使重力的作用得到了体现。对于注气混相驱,发生类似情况需要满足下列关系:

$$u < \frac{\rho_o - \rho_g}{\mu_o(\ln M)}Kg \qquad (2.2.7)$$

式中　u——注入速度,m/s;

　　　μ_o——黏度,Pa·s;

　　　ρ_o——油相密度,kg/m³;

　　　ρ_g——气相密度,kg/m³;

　　　M——流度比;

　　　K——渗透率,m²;

　　　g——重力加速度,m/s²。

简单地估计可以发现,降低注入速度是没有实际意义的。如 $\Delta\rho = 400\text{kg/m}^3$,$K = 10^{-14}\text{m}^2$,$\mu_o = 10^{-3}\text{Pa·s}$,$M = 10$,结果为 $u < 1.84 \times 10^{-3}\text{m/d}$。减小 $M = 1.1$ 也仅能增加速度到 $u < 4.4 \times 10^{-2}\text{m/d}$。

因此,大部分情况下,即便构造允许从原油顶部注入,但仍会由于稳定驱的注入速度太小而没有经济价值。油藏工程师还试图降低注入流体与原油的黏度比,或是降低注入流体的流度,如将水气同时注入或交替注入来改善情况。

重力作用也会降低宏观波及效率,在密度差很大、黏度较低且水平注入的情况(图2.2.7),这时会出现流体的重力分异(Dietz,1953;Christie,1990;Fayers and Muggeridge,1990;Tchelepi and Orr,1994)。这对于注气或注 CO_2 过程很重要,注气过程中会发生气沿储层顶部快速突进的情况,形成重力舌进(图2.2.7)。在高倾角储层中,如果在顶部注气,且垂向渗透率较低时,该影响会减弱。可以通过无量纲数对是否发生重力舌进进行估计(Fayers and Muggeridge,1990)。

$$R_{v/g} = 2\left[\frac{u(1 - 1/M)\mu_o}{\Delta\rho g K_z} - \theta\right]\frac{h}{L} \qquad (2.2.8)$$

式中　$R_{v/g}$——衡量重力舌进发生与否的无量纲数;

　　　u——注入速度,m/s;

　　　M——流度比;

　　　μ_o——黏度,Pa·s;

　　　$\Delta\rho$——密度差,kg/m³;

　　　g——重力加速度,m/s²;

　　　K_z——垂向渗透率,m²;

　　　θ——流动方向的倾角,rad;

　　　h——流动通道的厚度,m;

　　　L——流动通道的长度,m。

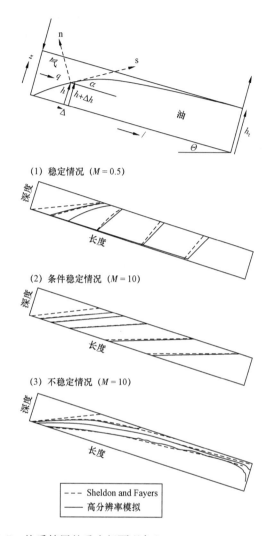

图 2.2.7　均质储层的重力超覆现象(Fayers and Muggeridge,1990)

需要注意的是,只有倾角 $\theta < 0.1$ 时,计算结果才可信。只有当 $R_{v/g} < 0$ 时驱替才稳定,在 $0 < R_{v/g} < 1$ 时,将会发生重力舌进,当 $1 < R_{v/g} < 10$ 时,流动受重力和黏性的共同影响,当 $R_{v/g} > 10$ 时,主要受黏性影响。需要注意的是,如果需要对纵向进行细化,从而表征舌进边缘的形态,会导致应用数值模拟很难表征不稳定的重力舌进,反之如果通过式(2.2.8)计算认为重力起控制作用,那么直接应用垂向平衡会更好一些。当存在黏性不稳定时,保证重力分异的做法是控制注入流体的流动,典型的办法是水气交注。水可以减小气的流度,虽然不能完全消除重力舌进,但可以使水下沉到底部,气上升到顶部,进而提高波及效率。

地质上的非均质性是常见的降低波及效率的因素,虽然有时也会提高波及效率,比如正韵律的储层中,在进行注气开发的情况下如此。由于较大的黏度比,EOR 过程对地质非均质性最敏感。这导致比常规水驱更强的流动通道作用。小尺度的非均质性将会增加分散性而在油田尺度上降低 EOR 作用,通过在水中稀释功能介质还会进一步降低 EOR 的效果,同时,还会阻碍气和油的混相。另一方面,也会在平面上离散黏性指进的程度从而提高波及效率。

对地质非均质性的影响进行定量的一个关键问题是对非均质性认识的不确定性。即便是对地质情况有较好了解的区块,也很难得到井间精确的渗透率分布情况。技术上,应基于井点数据计算多个实现,但时间上和资源上都难以满足这种模拟需求。

不同于黏度和重力对流动的影响,没有合适的无量纲数来评价地质非均质性的影响。有些学者提出了一些协同参数。有些关于层状储层的假设,目前也已经推广到非层状储层了。

$$V_{dp} = 1 - e^{-S_k} \tag{2.2.9}$$

式中 V_{dp}——评价非均质性对流动影响的无量纲数;

　　　　S_k——与层数和各层渗透率相关的系数。

这里

$$S_k = \left[1 + \frac{1}{4(n-1)} \right] \sqrt{\frac{1}{n-1} \sum_{i=1}^{n} (\ln K_i - \overline{\ln K})} \tag{2.2.10}$$

对于正态对数分布的渗透率,Lorenz 系数是另一个被广泛应用于计量非均质性的参数,但在 EOR 方面的效果不好,并且仍不能脱离模拟计算。

如果剩余油滞留在井间,且可以通过地震准确预测,那么提高宏观波及效率的方式就是加密钻井,包括水平井或多分支井。对于小尺度的非均质性,可以通过机械或聚合物凝胶方法,封堵高渗透层改善水驱前缘的一致性,以增加驱替的原油。这类方法主要适用于高渗透层独立发育的情况。如果高渗透层不独立,那么注入流体很容易绕过凝胶,返回到高渗透层中。减小地质非均质性对 EOR 的不利影响,尤其是减少不确定性,仍是油藏工程师的重大挑战。

总之,可以通过流度控制来改善宏观驱油效率,无论是在高黏油中注水的情况还是在注气混相驱的情况。注气混相驱中,黏性不稳定和重力超覆都可以通过 WAG 方式改善。EOR 方法可以将 $E_s = 0.6$ 提高到 $E_s = 0.8$。综合孔隙尺度驱替和宏观驱油效率,可以将采收率 R_F 提高到 0.3 ~ 0.8。这里,没有考虑经济界限和分区的影响。但在阿拉斯加北坡的 Prudhoe 湾油田,$R_F > 0.6$ 的效果确实已经实现了。

2.3　注气

虽然注水是一项保持压力驱替原油的有效手段,但如前面讨论的,毛细管力封闭导致最大的微观驱替效率只有50% ~ 70%。注入流体与原油混相,意味着可以将所有的原油采出来。这是注气 EOR 的基础,这里的气指代轻质非极性流体,如大气条件下的 CH_4 和 CO_2。但在油藏深度条件下,CO_2 已经不是气体状态了。

对化学组分进行定量描述,流体的驱替过程和化学组分是注气研究的目标。驱替过程涉及三相流体,及其之间 3 ~ 4 个组分的变换。这导致对其描述非常复杂,通常需要进行数值模拟。细节可参考 Lake(1989) 和 Orr(2007) 的成果,后者介绍了关于两相多组分驱替的解析解方法。本节将介绍一些注气机理方面的基本概念。首先将介绍表征溶解作用的三角相图。对 Buckley – Leverett 方程进行变换,得到两相不混相驱替流动方程。再以此为基础,推导两相多组分混相系统的方程。之后将其应用于一个简单的实例分析,一个一维混相水气交注问题。

2.3.1　气驱的相态方程

当 CO_2 或 CH_4 注入油藏中时,很多组分将在流体之间传递。一部分原油蒸发到气相中,一部分气溶解到原油中。这会改变每种流体相的化学组分,而且会一直持续下去。这个阶段的相接触、化学平衡、运动、再接触、再平衡会影响流体的化学组成及其饱和度,对每个相的流动都有重要影响。

关于相饱和度和化学组分之间的关系,可通过三角相图清楚地表示。首先,讨论用三个化学组分表示一个系统中的所有组分。然后,用一个两组分系统举例说明化学组成与相平衡之间的关系。最后,再扩展到两相三组分三角相图中。

图 2.3.1 展示了一个单一相系统。三个角上分别是轻质组分 C_1,在顶部,中质组分 C_2,在右侧角,重质组分 C_3,在左侧。图 2.3.8 展示了真实系统的一个实例(Orr et al.,1981;Gardner et al.,1981)。有时中质组分和重质组分是虚拟的,是人为将原油分为轻质油和重质油部分。流体具有不同的组分组成,每个组分占据一个角。

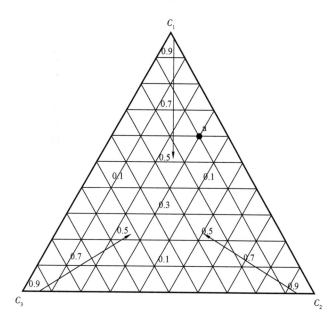

图 2.3.1　单一相态三角相图

a 点流体的组分组成为 $C_1$60%,$C_2$30%,$C_3$10%

此时,流体 a 由 60% C_1,10% C_3 和 30% C_2 组成。可以花上一点时间,在三角相图上标出下列组成的位置:

(1)b – 20% C_1,50% C_2 和 30% C_3;

(2)c – 50% C_1,20% C_2 和 30% C_3;

(3)d – 30% C_1,10% C_2 和 60% C_3。

当有多个相存在时,在相图上会对应一个区域,在该区域中,所有的化学组分都只用两个划分为不同相态的化学组分的和来表示。

首先,考虑一个由 CO_2 和正己烷组成的两相压力—组分相图,温度为 333.15K,如图

2.3.2 所示。该系统中,有两个相态,液相的己烷和气相的 CO_2,有两个组分,己烷和 CO_2。如果将 CO_2 作为 C_1 组分,己烷作为 C_2 组分,可以得到 $C_1 = 1 - C_2$。如果将液相作为相态 1,气相作为相态 2,那么两个组分在体系中的饱和度分别为 S_1 和 S_2,并且 $S_1 = 1 - S_2$。可以看到,在相图中,泡点左边,$S_1 = 1$,露点右边,$S_2 = 1$。在重叠部分,两相平衡,每一项的摩尔组分受系统总化学组分的控制。设想一个流体包含所有重叠部分的化学组分。混合物中液相的化学组分由泡点化学组分给出,用 c_{11} 表示化学组分 1 在相态 1 中的浓度。混合物中气相的化学组分由露点化学组分给出,用 c_{12} 表示化学组分 1 在相态 2 中的浓度。指定了化学组分在液相和气相中的浓度后,结合气相和液相的饱和度,就可以确定各个化学组分的量:

$$C_1 = c_{11}S_1 + c_{12}S_2 = c_{11}S_1 + c_{12}(1 - S_1) \tag{2.3.1}$$

式中　C_1——组分 1 的含量;

　　　c_{11}——组分 1 在相态 1 中的浓度;

　　　S_1——相态 1 在体系中的饱和度;

　　　c_{12}——组分 1 在相态 2 中的浓度;

　　　S_2——相态 2 在体系中的饱和度。

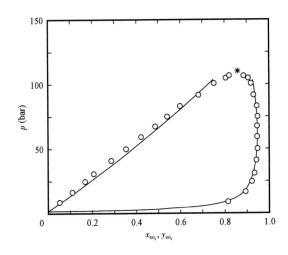

图 2.3.2　CO_2 与正己烷在 333.15K 条件下的气液平衡相图(Potoff and Siepmann,2001)

因此对应相态的饱和度如下:

$$S_1 = \frac{C_1 - c_{12}}{c_{11} - c_{12}} \tag{2.3.2}$$

相似的分析还可用于两相态三组分系统的三角相图。如图 2.3.3 所示,轻质组分与中质组分混相,中质组分与重质组分也混相。但在轻质组分和重质组分之间,有一个不混相区域。在两相区域中,有流体混合物,其组分比例为 a 点位置,对应于 C_1、C_2 和 C_3 的含量。这个组分中,没有稳定的单一相态,用 C_1 代表相态 1 中组分 1 的总和,数值上等于组分 1 在相态 1 中的集中度 c_{11} 乘以相态 1 的饱和度 S_1,加上组分 1 在相态 2 中的集中度 c_{12} 乘以相态 2 的饱和度 S_2

$$C_1 = c_{11}S_1 + c_{12}S_2 = c_{11}S_1 + c_{12}(1 - S_1) \tag{2.3.3}$$

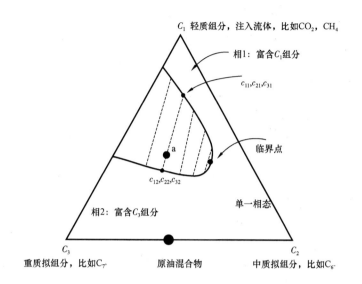

图 2.3.3　两相三角相图

处于 a 点的流体由两种相态组成,相态的浓度由该点所处的系线的两个端点确定

就像两种化学组成形成的系统那样,在所有组分中存在一条直线,这条直线与相边界相交。在直线上,各个组分的总量保持不变。此时,这个组分的比例不仅是压力的函数,还是总的化学成分的函数。对于任何给定了组分比例的三角相图,两相包络线内都有特定的点与该组分比例相对应,各组分在系统中不同相态中的集中度为 c_{11}、c_{21}、c_{31}、c_{12} 等。这个连接两相边界线的直线称为系线。

对于组分 2 和组分 3 也有相似的方程。每张三角相图都对应于特定的压力和温度,系线端点处的组分的浓度是这个特征压力和温度下相态组成的函数。这由两相热动力平衡方程决定,因此,每一项的化学组成,在给定的压力温度下,都可以认为是总化学组成所确定的常数。

一个重要的结果是,总化学组成决定了两相的相对饱和度。对式(2.3.3)整理得到:

$$S_1 = \frac{C_1 - c_{12}}{c_{11} - c_{12}} \qquad (2.3.4)$$

对于 C_2 和 C_3,可通过同样的方程得到。也就是说,在一个给定的系线上,流体的饱和度可通过组分和组分的浓度来确定。

图 2.3.3 只展示了一部分的系线,实际上对于任何的组分组成,在两相包络线内都有一条系线与之对应,这条系线具有其特定的组分组成和饱和度。

另一个重要的点是临界点。在该点处的系线缩为零。在一个初始富集 C_1,同时存在 C_3 的体系中,应用 C_2 对其进行稀释,直到体系移出了两相区,流体发生了混相作用。这个重要的注气过程将进一步讨论。

考虑图 2.3.4 中的三元相图的注气过程。残余油的组分位于相图的右下部,注入气组分为单纯的 C_1。注入气与残余油完全混相,因为两个端点之间的连线不经过两相区。这个过程称为一次接触混相。因为注入气与流体一接触就发生了混相。

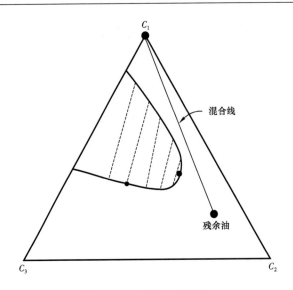

图 2.3.4 两相三角相图

表示注入的 C_1 与残余油一次接触混相

图 2.3.5 展示了在两种压力条件、105 ℉ 下的 CO_2 与 Wasson 原油的混合状态。

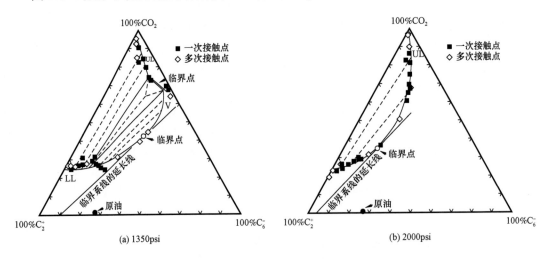

(a) 1350psi

(b) 2000psi

图 2.3.5 CO_2 与 Wasson 原油的混相三角相图

(a)图压力为 1350psi,(b)图压力为 2000psi。两图的温度为 105 ℉。增加压力可以增加混相潜力

　　这个例子中,注入流体与残余油在初期并未完全混相,混相的过程需要经历一个稀释的过程。这个过程被称为多次接触混相。首先考虑注入气将相对重质组分的残余油转变为富含气相的状态。如图 2.3.6 所示,注入气与 A 点的残余油混合后,使 A 点掉入了两相区。混合过程会很快平衡,形成系线的两个端点。其中富含气的相 B 会与残余油再一次混合,形成相 C。相 C 再一次掉入两相区内,然后再平衡形成富含气的相 D。可以看到,当气相继续与残余油接触时,会混相更多的 C_2 和 C_3 组分,直至达到完全混相。因为新的平衡气相与未接触的油相的多次接触,这种混相被称为多次接触混相。该过程也被称为蒸发气驱,因为混相发生的机理就是将油中蒸发组分逐渐蒸发到富含气的相中。

还有另一种混相模式,称为凝析气驱。考虑图 2.3.7 中的注气过程,包含 C_1 和 C_2 组分的气体注入油藏中,油藏中残余油的组分位于相图的左下部。第一次接触形成了一个两相区内的混合系统 A。这个两相的平衡由系线的端点得到。在这种情况下,富含气的相运移走,而富含油的相留下,来自气的凝析组分向混相区运动。换句话说,就是 B 点的系统随着气的注入向混相区运动。随着气体的注入,新生成的组分继续形成 C 点的系统。之后,这个体系分为两个相,富含油的组分向 D 点运动,随着气体的注入,逐渐靠近混相区。最终,当富含油的组分凝析了足够的注入气时,达到混相。

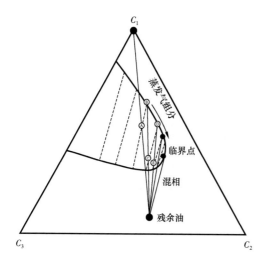 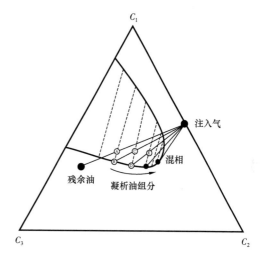

图 2.3.6 两相三角相图

表示气驱过程的混相,注入的 C_1 与残余油多次接触混相

图 2.3.7 两相三角相图

表示凝析气驱过程的混相,注入的 C_1 和 C_2
混合气与残余油多次接触混相

将这个讨论进行推广,考虑潜在的注气情形,气的组分为 g_1 和 g_2,油藏的组分为 r_1 和 r_2,如图 2.3.10 所示。用图示说明下列问题。

对注气情形进行分类,包括一次接触混相、蒸发气驱、凝析气驱,以及不混相。如果是多次接触混相,指出混相的过程:

注入气的组分是 g_2,油的组分是 r_2;

注入气的组分是 g_1,油的组分是 r_2;

注入气的组分是 g_2,油的组分是 r_1;

注入气的组分是 g_1,油的组分是 r_1。

如果注入气的组分是 g_2,油的组分是 r_2,那将会发生一次接触混相,因为混合相不经过混相区。注入气的组分是 g_1,油的组分是 r_2 的情形为多次接触混相,会发生蒸发气驱,因为富气与少量油发生了混相。相似地,注入气的组分是 g_2,油的组分是 r_1 时,发生多次接触混相,会发生凝析气驱,因为富油相与注入气发生混相。注入气的组分是 g_1,油的组分是 r_1 时,可能会发现并未出现混相,因此可以归为非混相驱。为了发生混相,气的原始组分和油相需要处于临界线的两侧。临界线是一条虚构的线,这条线经过临界点,但平行于两相区的连接线。

通过这个简单的示意图分析注气过程,可以看到,无论是蒸发气驱,或是凝析气驱,如果注入气的组分可以定制,比如对C_2组分进行稀释,那么混相就会发生。同时,需要注意这些简单分析的局限性。三角相图只是单一压力和温度的情况,并没有讨论模型条件和实验室数据之间一致性的重要影响。多次混相过程不是一个离散的过程,当富气区和富油区与残余油和注入气接触时,混相都是连续发生的。图2.3.9展示了一个一维CO_2驱油中组分的变化过程(Gardner et al.,1981)。本节的分析是零维的,没有考虑流动和接触,也没有考虑化学过程的时间限制。因此这些计算假设平衡瞬时达到,富气的流体瞬间与油藏中的混合物混合,并且一旦达到平衡,就会与新的油进行接触。这样假设的原因是,气比油的流度高得多。因此,该分析中关于在实验室中的岩心观察和油藏尺度的描述都是定性的。实际情况是,向油藏中注入CO_2,其混合线要远高于临界点。更重要的是,分析中并没有提及流体的流动过程。多少油会被采出来,以什么速度采出来,需要多少溶剂才能达到目标产量,都将在后面章节中讨论。

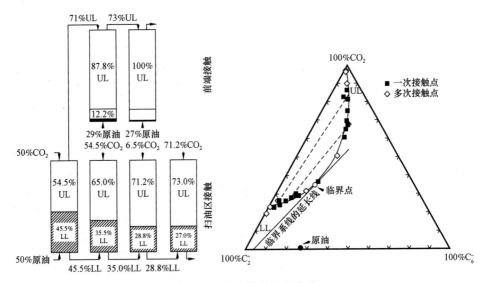

图2.3.8　多次接触混相实验

样品来自Wasson原油和CO_2,压力2000psi,温度105℉

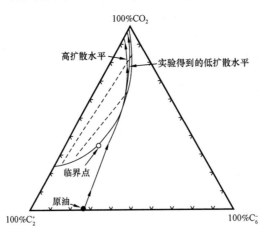

图2.3.9　两相三角相图

展示了图2.3.8中一维驱替过程中的组分变化(Gardner et al.,1981)

2.3.2　两相多组分系统的运动

这里对非混相驱的 Buckley—Leverett 推导进行回顾,之后将其扩展到多组分混相驱(图2.3.10)。这一部分最初由这几篇文章推导(Pope,1980;Lake,1989;Orr,2007;Blunt,2013)。

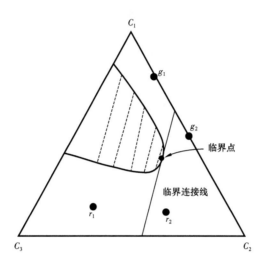

图 2.3.10　练习中使用的两相三角相图

2.3.2.1　Buckley—Leverett 解的回顾

Buckley—Leverett 方程提出了一维非混相驱替的解。这个系统中,相之间没有化学物质的变化,因此每个相都可以看成由单一组分组成。应用分流量理论,用无量纲形式表示物质平衡为:

$$\frac{\partial S_i}{\partial t_D} + \frac{\partial f_i}{\partial x_D} = 0 \qquad (2.3.5)$$

式中　S_i——相 i 的饱和度;

　　　t_D——无量纲时间;

　　　f_i——相 i 的含量比例;

　　　x_D——无量纲位置。

f_i 是相 i 的分流量,数值上等于该相的流量 q_i 占总流量 q_t 的比值,$q_t = \sum_i q_i$。

$$f_i = \frac{q_i}{q_t}$$

无量纲时间和距离的定义如下:

$$t_D = \frac{q_t t}{\phi L}$$

$$x_D = \frac{x}{L}$$

式中 L——系统的长度,m;

ϕ——系统的孔隙度。

在分流量理论中,假设毛细管压力可以忽略。如果同时忽略重力,f_i 可以表示为:

$$f_i = \frac{\lambda_i}{\sum_i \lambda_i}$$

这里,λ_i 是对应相的流度,数值上等于相渗与黏度的比。

$$\lambda_i = \frac{K_r(S_i)}{\mu_i}$$

因此,分流量是饱和度的函数:

$$\frac{\partial S_i}{\partial t_D} + \frac{df_i}{dS_i}\frac{\partial S_i}{\partial x_D} = 0 \tag{2.3.6}$$

这类方程需用特征值方法解。应用该方法,不能得到 $S_i(x_D, t_D)$ 的形式,但曲线在边界条件的特征值是常数,$x_D = f(t_D)|_{s_i = s_o}$。那么解就是:

$$x_D = \frac{df_i}{dS_i}(S_i)t_D \tag{2.3.7}$$

这意味着,介质中的饱和度将按照一定速度向前推进,速度为分流量相对于饱和度的倒数。因此无量纲速度为:

$$v_D = \frac{df_i}{dS_i}$$

分流量曲线的倒数有时不是单调函数,这意味着饱和度推进的速度并不是唯一的。从物理的角度看,这不可能发生,饱和度会在地层中形成饱和度前缘。这个例子中,所有饱和度大于前缘的位置都有饱和度速度。这里引入 S^*。当饱和度小于 S^* 时,饱和度的速度等于前缘饱和度速度。前缘饱和度的速度可以通过物质平衡方法得到:

$$v_D^* = \frac{df}{dS_1}\bigg|_{S_1} = S^* = \frac{f_1 - f_1^o}{S_1 - S_1^o}\bigg|_{S_1 = S^*} \tag{2.3.8}$$

式中 v_D^*——前缘饱和度向前传播的无量纲速度;

S_1——相1的饱和度;

f_1——相1的含量比例;

f_1^o——相1的初始分流量;

S_1^o——相1的初始饱和度;

S^*——相1的前缘饱和度。

在图示中,经过 (S_1^o, f_1^o) 和 $[S_1^*, f_1(S_1^*)]$ 两点作直线,S^* 为当直线与分流量曲线相切时,切点对应的饱和度。

2.3.2.2　双组分,两相驱油

考虑一个系统具有多相、多化学组分,各化学组分在不同相中可以交换,比如化学组分 i 在相 j 中的浓度为 c_{ij}。在第 2.3.1 节中,考虑两相系统,$j = 1,2$,包含三种化学组分,$i = 1,2,3$。

组分总的浓度为 C_i,数值上等于各相中该组分浓度的总和:

$$C_i = \sum_j c_{ij} S_j \qquad (2.3.9)$$

式中　C_i——i 组分的总浓度;

　　　c_{ij}——i 组分在 j 相中的浓度;

　　　S_j——j 相的饱和度。

相似的,化学组分 i 总的分流量为各相中该组分的流量总和:

$$F_i = \sum_j c_{ij} f_j \qquad (2.3.10)$$

式中　F_i——i 组分的总分流量;

　　　f_j——j 相的分流量。

单位体积内化学组分的质量变化率就是各相中变化率的总和:

$$\phi \frac{\partial}{\partial t} \sum_j c_{ij} S_j = \phi \frac{\partial C_i}{\partial t} \qquad (2.3.11)$$

组分流入、流出某体积的流量平衡。考虑一维系统的流量为:

$$\frac{\partial}{\partial x} \sum_j c_{ij} q_j = \frac{\partial}{\partial x} \sum_j c_{ij} f_j q_t = q_t \frac{\partial F_i}{\partial x} \qquad (2.3.12)$$

对于不可压缩流体系统,$\frac{\partial q_t}{\partial x} = 0$。需要注意的是,当组分在各相之间传递时,体积并不守恒,比如 CO_2 的富烃相中的密度与在富 CO_2 中的密度不同。

因此守恒方程变为:

$$\phi \frac{\partial C_i}{\partial t} + q_t \frac{\partial F_i}{\partial x} = 0 \qquad (2.3.13)$$

可以应用链式法则,将其转换为无量纲单位:

$$\frac{\partial C_i}{\partial t} = \frac{\partial C_i}{\partial t_D} \frac{\partial t_D}{\partial t} = \frac{q_t}{\phi L} \frac{\partial C_i}{\partial t_D} \qquad (2.3.14)$$

$$\frac{\partial F_i}{\partial x} = \frac{\partial F_i}{\partial x_D} \frac{\partial x_D}{\partial x} = \frac{1}{L} \frac{\partial F_i}{\partial x_D} \qquad (2.3.15)$$

化学组分的无量纲单位质量在一维系统中守恒:

$$\frac{\partial C_i}{\partial t_D} + \frac{\partial F_i}{\partial x_D} = 0 \qquad (2.3.16)$$

再考虑两相、两组分系统。假设两组分的组成路径就是单一的线性相关,那么相的饱和度和其中化学组分的浓度就只是该化学组分总浓度的函数。

$$F_i = \sum_j c_{ij} f_j = \sum_j c_{ij}(C_i) f_j(S_j) = F_i(C_i) \qquad (2.3.17)$$

式(2.3.16)可表示为:

$$\frac{\partial C_i}{\partial t_D} + \frac{\mathrm{d} F_i}{\mathrm{d} C_i} \frac{\partial C_i}{\partial x_D} = 0 \qquad (2.3.18)$$

这个方程类型与式(2.3.6)一致,描述了 Buckley—Leverett 方程中的流体流动,因此可以用特征值法对速度求解,这个速度对应化学组分的总浓度在两相系统中的传播速度。

$$x_D = \frac{\mathrm{d} F_i}{\mathrm{d} C_i} t_D \qquad (2.3.19)$$

无量纲组分浓度速度与前缘速度同样可以用分流量函数的倒数求出:

$$v_D = \frac{\mathrm{d} F_i}{\mathrm{d} C_i} \qquad (2.3.20)$$

$$v_D^* = \frac{F_i - F_i^\circ}{C_i - C_i^\circ} \qquad (2.3.21)$$

式中　v_D^*——前缘饱和度对应的无量纲速度;

　　　　F_i°——i 组分的初始总分流量;

　　　　C_i°——i 组分的初始总浓度。

组分的分流量曲线的横纵坐标分别为,作为化学组分函数的相饱和度[式(2.3.4)],以及两相的相渗。这里不做更多论述。后面将通过一个简单的例子分析接触混相水气交替驱的性质。关键知识点是,可用组分的分流量曲线确定化学组分浓度波的速度,这与水相饱和度波相关,但不完全一致。这个概念对多组分系统具有普遍意义,无论这些组分在油相中还是在气相中。

2.3.3　分流量理论和水气交替驱

多相、多组分驱替最简单的例子就是一次接触混相水气交替驱,这里溶解气与油一次接触混相,气与水同时或分段,以液态形式注入油藏。这是为了既利用气混相的优势——可使微观驱油效率达到 100%,同时通过降低相渗,克服高流度导致的指进和重力分异。

考虑一维驱替模型中水和烃携带着气注入储层中,分流量为 f_w^*,束缚水饱和度为 S_w°。系统中只有两相,烃相和水相,分别用角标 o 和 w 表示。另外,两相中没有化学组分的交换,因此相饱和度并不直接由混合物的化学组成控制。饱和度波的传播速度由相渗曲线确定。带有溶剂的油相黏度较低,存在两条决定饱和度波传播速度的分流量曲线,分别为原始油水系统和带有溶剂的油水系统,如图 2.3.11 所示。

因此,该系统中存在两种相,油相中有两个组分,包含溶剂化学组分 C_1 的油和拟组分的剩余油。假设水相组分不溶于油。因此,溶剂的总浓度 C_1 为:

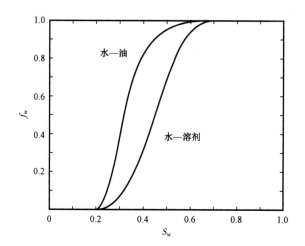

图 2.3.11 油驱水的分流量曲线

分别为油驱水和溶剂驱水,溶剂与水的流度比高于油与水的流度比

$$C_1 = c_{1w}S_w + c_{1o}S_o = c_{1o}S_o = c_{1o}(1 - S_w) \tag{2.3.22}$$

式中　C_1——组分 1 的总浓度;

　　　c_{1w}——组分 1 在水相中的浓度;

　　　S_w——含水饱和度;

　　　c_{1o}——组分 1 在油相中的浓度。

相似地,溶剂的总的分流量 F_1 为:

$$F_1 = c_{1w}f_w + c_{1o}f_o = c_{1o}(1 - f_w) \tag{2.3.23}$$

式中　F_1——组分 1 的总分流量;

　　　f_w——水相的分流量;

　　　f_o——油相的分流量。

从而,物质平衡方程式(2.3.16)变为:

$$\frac{\partial[c_{1o}(1 - S_w)]}{\partial t_D} + \frac{\partial[c_{1o}(1 - f_w)]}{\partial x_D} = 0$$

$$= (1 - S_w)\frac{\partial c_{1o}}{\partial t_D} - c_{1o}\frac{\partial S_w}{\partial t_D} + (1 - f_w)\frac{\partial c_{1o}}{\partial x_D} - c_{1o}\frac{\partial f_w}{\partial x_D}$$

$$= \frac{\partial c_{1o}}{\partial t_D} + \frac{1 - f_w}{1 - S_w}\frac{\partial c_{1o}}{\partial x_D} = 0 \tag{2.3.24}$$

溶剂的无量纲速度 v_D 为:

$$v_{D,s} = \frac{1 - f_w}{1 - S_w} = \frac{f_o}{S_o} \tag{2.3.25}$$

式中　$v_{D,s}$——水驱前缘无量纲移动速度。

当溶剂不再溶于水时,追踪溶剂与追踪单一相中的化学组分是一样的。此时,无量纲速度可以简单地用分流量除以饱和度得到。

水驱前缘速度也可通过 Buckley—Leverett 方程得到,除了在这个案例中,$f_w \neq 1$。

如果分流量没有振动和变稀疏,那么速度为:

$$v_{D,w} = \frac{f_w}{S_w - S_w^o} \tag{2.3.26}$$

式中　S_w^o——束缚水饱和度。

后面的讨论只考虑饱和度在前缘发生变化的情况。

这些方程可通过图示法研究——饱和度与分流量交会图。后面将通过图示确定:(1)水驱前缘饱和度的变化,(2)溶剂前缘饱和度的变化——从油水驱系统变为油气水驱系统。有时,水驱前缘与注气到达的位置不同,但很多时候,水驱前缘与气到达的位置相关。

考虑分流量如图 2.3.12 所示的情况。与这个分流量相关的含水饱和度用黑点表示。此时,仅有少量与溶剂相关的水注入了储层中。按照式(2.3.25)计算,溶剂的饱和度速度就是从图 2.3.12 右上的顶点到注入分流量线上某点连线的斜率。这条线的斜率比从点$(S_w^o, 0)$到点(S_{wf}, f_w^*)连线的斜率大——也就是从原始含水饱和度点到油水分流量曲线上的点连线的斜率,这个斜率代表水驱前缘饱和度的速度。进一步地,在这个特殊的情况下,油气系统进入了残余油系统中,这里已经是最大含水饱和度了。因此,油气前缘的到达不会引起含水饱和度的变化,这里已经是最小含水饱和度了。另外,这个前缘饱和度的速度不是式(2.3.25)的结果,而是$1/S_w^o$。最终,含水饱和度变化的位置对应于与分流量相关的平衡位置。饱和度速度按照式(2.3.26),等于从原始含水饱和度点到溶剂—水分流量曲线上点的连线的斜率。溶剂驱前缘含水饱和度的速度按照式(2.3.25)计算,但这个速度并不重要。

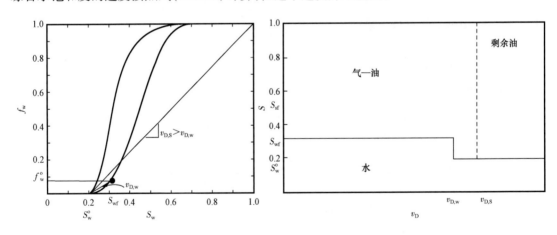

图 2.3.12　展示了注水过程中溶剂和水的流速不同,溶剂流速大于水的流速

现在考虑注入比中水的比例更高,如图 2.3.13 所示。气的速度按照式(2.3.25)计算,这时水的饱和度波的速度大于溶剂。因此,初期水的饱和度上升,而气还未到达。气未到达之前,水的饱和度的上升意味着水驱前缘饱和度的速度应按照油水分流量线来确定。这个饱和度不必与最终饱和度平衡,这个最终饱和度通过溶剂—水分流量曲线确定。这个中间过程的

含油饱和度通过物质平衡确定。气在最终饱和度时的速度与油的中间过程速度相等。最终，式(2.3.25)扩展到油水分流量曲线。它们的交点确定了领先的水驱前缘饱和度的速度。

$$v_{D,s} = \frac{1 - f_w^o}{1 - S_{sf}} = \frac{f_w^o - f_{wf}}{S_{sf} - S_{wf}} \qquad (2.3.27)$$

式中　$v_{D,s}$——水驱前缘无量纲移动速度；

$\qquad f_w^o$——初始水相的分流量；

$\qquad S_{sf}$——溶剂驱前缘含水饱和度；

$\qquad S_{wf}$——水驱前缘含水饱和度；

$\qquad f_{wf}$——溶剂驱分流量。

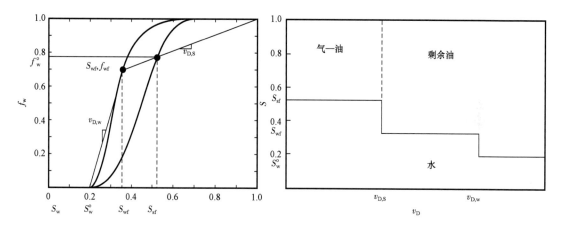

图2.3.13　展示了注水过程中溶剂和水的流速不同,溶剂流速小于水的流速

水驱前缘含水饱和度速度通过原始含油饱和度到点(S_{wf}, f_{wf})连线的斜率确定。同时,在这种情况下,饱和度的变化都在水驱前缘以内,并且没有后续的扩散情况。

最后,系统的注入比如图2.3.14所示,称为最优的WAG比,这时水和溶剂的流速相同。

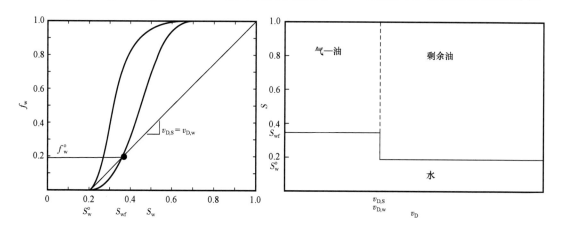

图2.3.14　展示了注水过程中,溶剂和水的流速相等

2.3.4 三相流

开展 EOR 时,很多时候会涉及油气水三相。因此,将流动分析扩展到三相流动很有必要。

2.3.4.1 三相流中非分流量理论

考虑油气水的三相流动,用下标 o,g,w 分别表示。饱和度有如下关系:

$$S_o = 1 - S_w - S_g \tag{2.3.28}$$

式中 S_o——含油饱和度;

$\quad\quad S_w$——含水饱和度;

$\quad\quad S_g$——含气饱和度。

不考虑毛细管压力和重力,三相的分流量定义为:

$$f_w = \frac{\lambda_w}{\lambda_t} \tag{2.3.29}$$

式中 f_w——含水率;

$\quad\quad \lambda_w$——水相的流量,m^3;

$\quad\quad \lambda_t$——总流量,m^3。

$$f_g = \frac{\lambda_g}{\lambda_t} \tag{2.3.30}$$

式中 f_g——含气率;

$\quad\quad \lambda_g$——气相的流量,m^3;

$\quad\quad \lambda_t$——总流量,m^3。

每一相分流量的物质平衡方程为:

$$\frac{\partial S_w}{\partial t_D} + \frac{\partial f_w}{\partial x_D} = 0 \tag{2.3.31}$$

$$\frac{\partial S_g}{\partial t_D} + \frac{\partial f_g}{\partial x_D} = 0 \tag{2.3.32}$$

分流量是 S_g 和 S_w 两个变量的函数,式(2.3.31)和(2.3.32)表示为:

$$\frac{\partial S_w}{\partial t_D} + \frac{\partial f_w}{\partial S_w}\frac{\partial S_w}{\partial x_D} + \frac{\partial f_w}{\partial S_g}\frac{\partial S_g}{\partial x_D} = 0 \tag{2.3.33}$$

$$\frac{\partial S_g}{\partial t_D} + \frac{\partial f_g}{\partial S_w}\frac{\partial S_w}{\partial x_D} + \frac{\partial f_g}{\partial S_g}\frac{\partial S_g}{\partial x_D} = 0 \tag{2.3.34}$$

假设有明确的饱和度波速度 v_D,这个速度与饱和度相关,应用 Buckley—Leverett 两相驱替方法,得到二阶偏微分方程:

$$\left(v_D - \frac{\partial f_w}{\partial S_w}\right)\left(v_D - \frac{\partial f_g}{\partial S_g}\right) - \frac{\partial f_w}{\partial S_g}\frac{\partial f_g}{\partial S_w} = 0 \tag{2.3.35}$$

对于给定的水、气饱和度,可以得到两个 v_D 满足方程式(2.3.35)。

2.3.4.2 三相相渗模拟

与两相流动一样,通过分流量函数,三相流动的描述对相渗曲线很敏感。在三相流动情况下,理论上很难理解三相相渗,同时,实验数据也很少,很难开展实验校正。主要问题可参考相关文献(Blunt,2000;Juanes and Patzek,2004;Baker,1988;Delshad and Pope,1989)。这个领域还正在研究,但总结起来有几个方面,目前的三相相渗模型是由两相相渗差值得到的。换句话说,油的相渗是通过油水相渗和油气相渗,通过气水饱和度加权插值得到的。对水气的相渗也可以采用类似方法得到,油气水相渗计算式如下:

$$K_{ro} = \frac{(S_w - S_{wi})K_{ro(w)} + (S_g - S_{gr})K_{ro(g)}}{(S_w - S_{wi}) + (S_g - S_{gr})} \tag{2.3.36}$$

式中　K_{ro}——三相条件下油相相对渗透率,m^3;

S_w——含水饱和度;

S_{wi}——束缚水饱和度;

S_g——含气饱和度;

S_{gr}——残余气饱和度;

$K_{ro(w)}$——油水条件下的油相相对渗透率,m^3;

$K_{ro(g)}$——气油条件下的油相相对渗透率,m^3。

$$K_{rw} = \frac{(S_o - S_{oi})K_{rw(o)} + (S_g - S_{gr})K_{rw(g)}}{(S_o - S_{oi}) + (S_g - S_{gr})} \tag{2.3.37}$$

式中　K_{rw}——三相条件下水相相对渗透率,m^3;

S_o——含油饱和度;

S_{oi}——残余油饱和度;

S_g——含气饱和度;

S_{gr}——残余气饱和度;

$K_{rw(o)}$——油水条件下的水相相对渗透率,m^3;

$K_{rw(g)}$——气水条件下的水相相对渗透率,m^3。

$$K_{rg} = \frac{(S_w - S_{wi})K_{rg(w)} + (S_o - S_{oi})K_{rg(o)}}{(S_w - S_{wi}) + (S_o - S_{oi})} \tag{2.3.38}$$

式中　K_{rg}——三相条件下气相相对渗透率,m^3;

S_w——含水饱和度;

S_{wi}——束缚水饱和度;

S_o——含油饱和度;

S_{oi}——残余油饱和度;

$K_{rg(w)}$——气水条件下的气相相对渗透率,m^3;

$K_{rg(o)}$——气油条件下的气相相对渗透率,m^3。

在这个模型中,S_{wi}是束缚水饱和度,S_{gr}是油水驱替系统中的残余气饱和度,S_{oi}是气水驱替系统中的原始含油饱和度,后两项通常为零。应用这个模型,可以通过测量六组两相相渗,包括油水、油气、气水,从而获得三相相渗函数。

2.4 化学驱

2.4.1 聚合物驱

在聚合物驱中,通过向注入水中增加聚合物以提高黏度。常被用于开发渗透率较高(数百毫达西)、流体较黏(黏度约 0.1Pa·s),但仍可流动的原油。通过聚合物增加流度比,降低水的黏性指进和流动通道。还可以增加黏性交互流(Sorbie,1991),因此,聚合物驱是一种既可以提高宏观驱油效率,又可以提高微观驱油效率的 EOR 方法。该方法的缺点是,不考虑花费的话,由于增加了水的黏度,会导致注水量下降,进而导致产量下降。即便如此,总的产量还是会由于含水率下降而增加。有些聚合物是不抗剪切的,即在高剪切率情况下会使聚合物黏度下降。这时,需要降低注入速度。另一个问题是,聚合物如果附着在岩石表面或堵塞孔喉,第一个影响会降低聚合物的有效性,第二个影响会降低渗透率,进而降低注入性。

主要的聚合物是聚丙烯酰胺和黄原胶。前者便宜但难以分离。这也导致其会保留在自然环境中,因此除非回注地层,否则不能应用于挪威的油田。其在高矿化度地层水中也不稳定。黄原胶在高矿化度水中更稳定,也更易分离,但价格昂贵。这些化学物质在高温下和碳酸盐岩储层中都不稳定。目前正在研发更稳健、廉价和环境友好的替代品。

截至目前,中国是开展并仍在继续应用大规模聚合物驱的国家。这首先是出于经济上的考虑。油田规模的应用需要大量的聚合物,并要求在这些化学品的运输、搅拌混合和注入时,而不破坏其分子而降低黏度。即便如此,2004 年,中国的大庆油田仍然通过注聚实现了日产 250000bbl 的原油产量。2014 年,由于高油价和老油田稳产的影响,阿曼重新开始关注聚合物驱,并开始了具有经济效益的聚合物和三元复合驱测试。聚合物驱也被北海油田评价为最有潜力的三项 EOR 技术之一。

分相流分析可以帮助理解聚合物驱如何提高微观驱替效率。这与上面讨论的注气混相驱有两点不同:一是可溶的化学物质是聚合物,聚合物溶于水;二是聚合物在岩石表面的吸附是可逆的。这通过在聚合物集中度 C_1 中,划分出一部分吸附集中度 C_{1a}(单位孔隙体积的聚合物吸附量)来表征。图 2.4.1 展示了两个分相流曲线,分别代表油水和油聚合物系统,由于聚合物增加了黏度,故降低了流动性。在这个迭代过程中,包括吸附部分的总的集中度为:

$$C_1 = c_{1w}S_w + c_{1o}S_o + c_{1a} = c_{1w}S_w + c_{1a} \tag{2.3.39}$$

总的侵入量为:

$$F_1 = c_{1w}f_w + c_{1o}f_o = c_{1w}f_w \tag{2.3.40}$$

假设水中的聚合物集中度与吸附集中度的简单关系为:

$$c_{1a} = Rc_{1w} \tag{2.3.41}$$

这里 R 是阻滞系数。吸附可逆性的最终影响就是降低了集中度的波动。

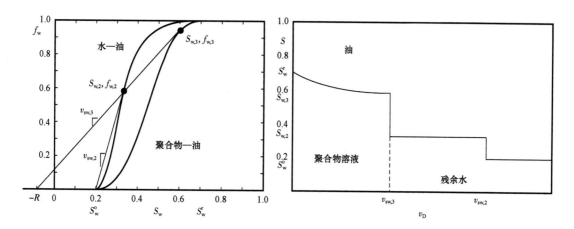

图 2.4.1　聚合物驱分流量分析

式(2.3.16)的物质平衡方程变为:

$$\frac{\partial \left[c_{1w}S_w + c_{1a} \right]}{\partial t_D} + \frac{\partial \left[c_{1w}(f_w) \right]}{\partial x_D} = 0$$

$$= S_w \frac{\partial c_{1w}}{\partial t_D} + c_{1w}\frac{\partial S_w}{\partial t_D} + \frac{\partial c_{1a}}{\partial t_D} + f_w \frac{\partial c_{1w}}{\partial x_D} + c_{1w}\frac{\partial f_w}{\partial x_D}$$

$$= S_w \frac{\partial c_{1w}}{\partial t_D} + \frac{\partial c_{1a}}{\partial c_{1w}}\frac{\partial c_{1w}}{\partial t_D} + f_w \frac{\partial c_{1w}}{\partial x_D}$$

$$= (S_w + R)\frac{\partial c_{1w}}{\partial t_D} + f_w \frac{\partial c_{1w}}{\partial x_D}$$

$$= \frac{\partial c_{1w}}{\partial t_D} + \frac{f_w}{S_w + R}\frac{\partial c_{1w}}{\partial x_D} = 0 \tag{2.3.42}$$

聚合物溶剂集中度的速度为:

$$v_{sw} = \frac{f_w}{S_w + R} \tag{2.3.43}$$

将聚合物视为分相1(图2.4.1)。将有两个波动前缘:一个是残余卤水堆积的面,另一个是聚合物和残余卤水之间的界面。详细的饱和度、分流量和前缘的速度可通过物质平衡方程得到。尤其是,聚合物到达位置的饱和度由式(2.3.44)给出:

$$\frac{f_w}{S_{w,3} + R} = \frac{\mathrm{d}f_w}{\mathrm{d}S_w}\bigg|_{S_w = S_{w,3}} \tag{2.3.44}$$

简单地说,残余水前缘饱和度由式(2.3.45)给出,以及聚合物和残余水的集中度波动速度:

$$\frac{f_{w,3}}{S_{w,3} + R} = \frac{f_{w,3} - f_{w,2}}{S_{w,3} - S_{w,2}} \tag{2.3.45}$$

最后,还存在一个对最终残余油饱和度的稀释作用。

2.4.2 低矿化度水驱

低矿化度水驱就是将注入水的含盐量降低。通过将岩石润湿性进一步改为偏向水湿,降低残余油饱和度,改变分流量的行为,可达到上述目的。其目标是增加微观驱油效率。理论上,这是一种更加廉价和简单的 EOR 技术,因为只需安装脱盐装置,而无须注入大量昂贵的化学剂。关于改变润湿性的准确机理尚有争议,甚至有学者质疑该过程是否能够提高采收率,但还是有大量文章支持其能够提高采收率。

需要有四个条件才能使低矿化度水驱发挥作用:(1)原油中包含相当比例的极性物质;(2)束缚水中包含二价阳离子;(3)储层为砂岩,具有一定的黏土矿物比例,尤其是高岭石;(4)注入水需要软化,降低二价阳离子浓度。这些标准与最早提出的低矿化度水驱 EOR 中的多组分离子交换机理完全一致(Lager et al.,2008)。最新的研究(Hassenkam et al.,2011)也支持该模型,同时黏土微粒的脱离和运移也会发挥一定的作用(Tang and Morrow,1999)。

目前尚无油田规模化应用低矿化度水驱,而仅有一些临时性的部署(Mahani et al.,2011)。还有一些单井示踪剂的测试和井对试验区(Webb et al.,2003)。最先部署低矿化度水驱的项目可能是北海的 Clair Ridge,项目可能从 2017 年开始(McCormack et al.,2014),与聚合物和注气同时应用。这是北海最具潜力的 EOR 项目之一(McCormack et al.,2014)。实践中最大的限制可能是在老旧平台上安装脱盐设备。

预测低矿化度水驱最简答的模型来自 Jerauld 等人(2008)的研究。在这个模型中,有两组相渗曲线,一组是偏油湿的高矿化度水驱曲线,另一组是偏水湿的低矿化度曲线。油藏初始包含油和高矿化度水。低矿化度水注入后驱替油和高矿化度水。这在一维条件下会形成两个振动和一个稀疏现象,与前面论述的聚合物驱的分流量曲线类似。在聚合物驱情况下,在低矿化度前缘存在一个束缚水区。

就像聚合物驱一样,可以绘制一张高矿化度和低矿化度分流量曲线。在这里,可以从原点引出一条线(图2.4.2),这是低矿化度分流量曲线的切线。这是因为假设高矿化度和低矿化度水瞬时、完全混合。这条线与高矿化度分流量线的交点,就是束缚水区前缘含水饱和度($S_{w,2}$),切点就是低矿化度水驱前缘含水饱和度($S_{w,3}$)。前缘的特征速度就是从高矿化度分流量曲线的束缚水端点向($S_{w,2}$,$f_{w,2}$)点连线,并求出连线的斜率。后一个振动的特征斜率就是切线的斜率。最终,还有一个稀疏的残余油饱和度。如果低矿化度水驱作为二次采油或三次采油驱替剂,这时的含油饱和度比较低。这会形成一个油区,提高采收率的作用还包括对润湿性的改变(图2.4.3)。

Jerauld 等人(2008)提出了在数值模拟时,对该模型进一步细化的方法。他们指出,注入低矿化度地层水,只有当矿化度低于一个门限值时才能改变油的采收率(如7000mg/L),如果完全发挥作用需要达到一个更低的水平(如1000mg/L)。当矿化度低于门限值时,需要用更加偏水湿的相渗来描述,而当矿化度高于门限值时,需要用更加偏油湿的相渗来描述。处于中间水平矿化度时,相渗可用高矿化度与低矿和度的线性组合来处理。这样可以近似模拟在高矿化度束缚水与低矿化度注入水情况下对采收率的影响。更加复杂的模型还需使用离子交换模型来确定驱替中的相渗曲线。

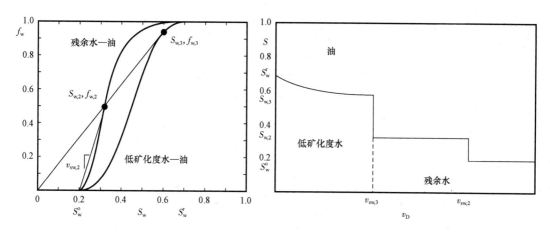

图 2.4.2　聚合物驱分流量分析

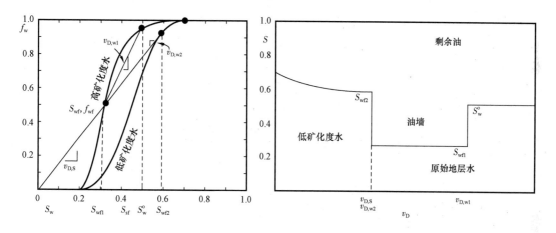

图 2.4.3　低矿化度水作为二次采油方式时的分流量分析

2.5　实际应用中的注意事项

在 2.1 节,可以看到,在 2014 年,EOR 只占全球石油产量的 2%。目前预测,到 2030 年,仍达不到 10%。全球油田的平均采收率为 30%~40%,即便有些油田像北海的 Forties 可以达到 65%。同时也知道,很难找到大储量的常规油田了。取而代之的是寻找非常规油气田,比如页岩油、页岩气,以及加拿大和委内瑞拉的沥青。油藏工程师已经知道了不同的 EOR 技术,而且很多都已经在过去的 40 年中被讨论,或试验并实现了,为什么 EOR 技术对产量的贡献还是如此之低呢?

事实是,虽然提高油气采收率在技术上是可行的,但通常在经济上不可行。EOR 需要大量的气和化学剂。这些注入剂比水昂贵,且很多年难以见到效益。这也是国家石油公司(比如中国)比独立石油公司更愿意实施 EOR 技术的原因。政府更多地从长远考虑,对国家的资源负责,而独立石油公司需要每年给股东分红。

有时,更实际的考虑限制了 EOR 技术的发展。比如,没有足够的气源来替换原油,并保持油藏压力处于最小混相压力之上,并且,从其他地方引入气源也不经济。同时,本油藏的气也是有价值的商品。因此,商业上的决定应在短期的售气收益与长期注气增油收益之间实现平衡。大部分成功的注气混相驱项目都是因为油田产出了大量的气,并且由于油田与气的消费中心较远,产出气并不容易售出(如阿拉斯加的 Prudhoe Bay),或是没有产出气的外输渠道(如北海的 Ula)。

从化学驱的角度,在 Dalia 油田作为聚合物的黄原胶,在世界范围内的需求将增加 50%(Morel et al.,2008)。通常,建立新的工厂并不经济。同时,很多油田都处于偏远地区,通常还是极端气候环境(北极或是沙漠)。在北极,只有 6 个月的结冰期可以将材料运至井口。将大量的聚合物(即便真的需要)运至沙漠地区,需要大量的卡车,这也是不现实的。即便能够运到,也没有足够优质的水源来溶解这些聚合物。水源也是制约低矿化度水驱项目的因素之一。

当然,环境因素也对 EOR 项目的实施有重要影响。当水中有聚合物或是表面活性剂等化学物质的时候,主要的问题是对产出水的处理,即使是常规的采出水可以重复注入。目前已知,由于环境因素的限制,聚丙烯酰胺不能在挪威的油田中使用。

大部分情况下,如果将 EOR 作为二次采油技术都是最有效的。因为注水之后,常将原油封闭在孔隙中,并在低渗透区形成过路油。EOR 注入剂会沿水驱形成的通道流动,从而降低对油的影响。对于被 EOR 作用的油,也要经历更长的时间才能到达生产井。即便如此,大部分的工程师还是将 EOR 用于水驱之后。这可能是因为在油田发现之初,油价较低,无法负担 EOR 技术附加的成本。此时,工程师常解释说水驱可以提高对地质非均质性的理解,从而降低采用 EOR 时低产的风险。这种所谓的降低风险的价值有时并不能超过在二次采油阶段使用 EOR 技术增产的油量。在三次采油中使用 EOR 技术,想要有效缓解递减,或是明显增加产量,都需要相当长的时间,有时候需要一年或是更多。在 Magnus,经过了两年时间才看到了明显的增油效果(Brodie et al.,2012)。也很难区分增油效果来自 EOR 或是近期采用的井筒作业工作。总之,这种延迟使用都会降低方案的经济性。

如果可能在水驱后应用 EOR 技术,那么就应该规划油田设备,使其可用于 EOR。否则,对设备进行翻新将十分昂贵,比如在北海的很多老油田的平台上,都没有空间安装脱盐设备和聚合物溶解设备。注 CO_2,既可以有效提高原油产量,也可以通过埋存气体改善气候变化,但需要安装抗腐蚀的管线和井筒。2014 年,北海的单井成本在 100 万美元。采用 CO_2 EOR 或是 CO_2 埋存,还需要增加海底管线,将 CO_2 从电厂引到油田位置。

不考虑经济因素,对 EOR 方案的评价、计划和部署都比常规注水复杂得多。前面已经介绍了 WAG、聚合物、低矿化度水驱的一维分相流动分析,CO_2 注入方案还需考虑混相的影响。除了前面讨论的关于后勤和设备的需求,EOR 还需要专门的实验测试技术来确定相关参数,比如描述混相或多次接触混相的相态行为,油藏条件下的低矿化度水驱相渗曲线,对聚合物的吸附程度进行定量等。前面章节描述了,应用分析技术对可行的 EOR 方案的微观驱油效率进行评价,实际应用中还需对非均质性对宏观波及体积的影响程度,以及对非均质性认识的不确定性导致的可能的结果进行评价。这需要使用特殊的油藏模拟软件,以及特殊的油田工程知识(比如,低矿化度水驱中,岩石—流体相互作用的化学过程,在 ASP 驱中,乳化剂的化学过程和流动特征,多次接触混相驱中的相态特征,以及状态方程的应用等)。有时,这些复杂的问题甚至会导致工程师和项目经理放弃考虑 EOR 方案。

虽然有这些经济上的和实际应用中的技术上的困难,EOR 仍能够显著提高原油采收率。McCormack 等人(2014)提出,仅 UKCS 地区,EOR 就能够增加$(6 \sim 12) \times 10^8$bbl 原油产量。全世界范围内,可延长生产时间 40 ~ 50 年。要实现这一目标,需要油藏工程师共同努力,包括长期的规划、创新的研究,当然,还有足够高的油价来使项目具有经济性。以气油和柴油的形式燃烧石油会增加大气中的 CO_2 的量,这是引起气候变化的原因之一,但目前,在全世界的交通领域,还没有能够马上替代石油的燃料。因此,原油的需求还在,并且 EOR 也具有辅助满足这一需求的能力。

参 考 文 献

Al – Saadi,F. S.,Amri,B. A.,Nofli,S.,Wunnik,J. V.,Jaspers,H. F.,Harthi,S.,Shuaili,K.,Cherukupalli,P. K. and Chakravarthi,R. (2012). Polymer flooding in a large field in South Oman—initial results and future plans. *SPE EOR Conference at Oil and Gas West Asia* held in Muscat,Oman,(SPE 154665).

Aleklett,K.,Hook,M.,Jakobsson,K.,Lardelli,M.,Snowden,S. and Soderbergh,B. (2010). The peak of the oil age—analyzing the world oil production reference scenario in World Energy Outlook 2008. *Energ. Policy*,38(3),1398 – 1414.

Anderson,W. (1987). Wettability literature survey—part 6:The effects of wettability on waterflooding. *J. Petrol. Technol.*,39(12),1605 – 1622.

ARI(2009). CO_2 storage in depleted oilfields:Global application criteria for carbon dioxide enhanced oil recovery. Technical Report 2009 – 12,IEA Greenhouse Gas Program.

Baker,L. E. (1988). Three phase relative permeability correlations. *SPE/DOE Enhanced Oil Recovery Symposium* Tulsa,Oklahoma,(SPE/DOE 17369).

Blunt,M. J. (2000). An empirical model for three – phase relative permeability. *Soc. Petrol. Eng. J.*,5(4),435 – 445.

Blunt,M. J. (2013). *Reservoir Performance Predictors Course Notes*. Imperial College London.

Brodie,J.,Jhaveri,B.,Moulds,T. and Mellemstrand,H. S. (2012). Review of gas injection projects in BP. In*Proceedings of the 18th SPE Improved Oil Recovery Symposium*,Tulsa,OK 14 – 18 April.

Chang,H.,Zhang,Z.,Wang,Q.,Zu,Z.,Guo,Z.,Sun,H.,Cao,X. and Qiao,Q. (2006). Advances in polymer flooding and alkaline/surfactant/polymer processes as developed and applied in the People's Republic of China. *J. Petrol. Technol.*,58(2),84 – 91.

Christie,M.,Jones,A. and Muggeridge,A. (1990). Comparison between laboratory experiments and detailed simulations of unstable miscible displacement influenced by gravity. *North Sea Oil and Gas Reservoirs* – Ⅱ.

Dang,C.,Nghiem,L. X.,Chen,Z. and Nguyen,Q. P. (2013). Modeling low salinity waterflooding:Ion exchange, geochemistry and wettability alteration. *SPE Annual Technical Conference and Exhibition*,NewOrleans,Louisiana, USA,30 September – 2 October,(SPE 166447).

Delshad,M. and Pope,G. A. (1989). Comparison of the three – phase oil relative permeability models. *Transport in Porous Media*,4,59 – 83.

Dietz,D. (1953). A theoretical approach to the problem of encroaching and bypassing edge water. *Pro. Koninkl. Ned. Akad. Wetemchap.*,S36.

Djabbarov,S. (2014). Experimental and numerical studies of first contact miscible injection in a quarter five spot pattern. Master's thesis,Imperial College London.

Dumore,J. (1964). Stability considerations in downward miscible displacements. *Soc. Petrol. Eng. J.*,4(4),356 –

362.

Dykstra,H. and Parsons,R. (1950). The prediction of oil recovery by waterflood. *Secondary Recovery of Oil in the U-nited States*,2nd ed. Dallas: API,pp. 160 – 174.

Fayers,F. J. and Muggeridge,A. H. (1990). Extensions to Dietz theory and behavior of gravity tongues in slightly tilted reservoirs. *SPE Reservoir Eng.* ,5(04),487 – 494.

Gardner,J. W. ,Orr,F. M. Jr. and Patel,P. (1981). The effect of phase behavior on CO_2 – flood displacement efficiency. *J. Petrol. Technol.* ,33(11),2061 – 2081.

Hassenkam,T. ,Pedersen,C. ,Dalby,K. ,Austad,T. and Stipp,S. (2011). Pore scale observation of low salinity effects on outcrop and oil reservoir sandstone. *Colloid Surface A*,390,179 – 188.

Hite,J. ,Stosur,G. ,Carnaham,N. and Miller,K. (2003). Guest editorial. Ior and eor: effective communication requires a definition of terms. *J. Petrol. Technol.* ,55(16).

Homsy,G. (1987). Viscous fingering in porous media. *Annu. Rev. Fluid Mech.* ,19,271 – 311.

IEA(2013a). *Resources to Reserves* 2013 —*Oil, Gas and Coal Technologies for the Energy Markets of the Future*. International Energy Agency.

IEA(2013b). *World Energy Outlook* 2013. International Energy Agency.

Jensen,J. and Currie,I. (1990). A new method for estimating the Dykstra – Parsons coefficient to characterize reservoir heterogeneity. *SPE Reservoir Eng.* ,5(3),369 – 374.

Jerauld,G. R. ,Lin,C. Y. ,Webb,K. J. and Seccombe,J. C. (2008). Modeling low – salinity waterflooding. *SPE Reserv. Eval. Eng.* ,11(6),1000 – 1012.

Juanes,R. and Patzek,T. W. (2004). Three – phase displacement theory: An improved description of relative permeabilities. *Soc. Petrol. Eng. J.* ,9(3),1 – 12.

Koottungal,L. (2014). 2014 worldwide EOR survey. *Oil and Gas J.* ,04/07/2014.

Koval,E. (1963). A method for predicting the performance of unstable miscible displacements in heterogeneous media. *Soc. Petrol. Eng. J.* ,3(02),145 – 154.

Lager,A. ,Webb,K. J. ,Collins,I. R. and Richmond,D. M. (2008). LoSal enhanced oil recovery: Evidence of enhanced oil recovery at the reservoir scale. *SPE Symposium on Improved Oil Recovery*,Tulsa,Oklahoma,USA,20 – 23 April(SPE – 113976 – MS).

Lake,L. W. (1989). *Enhanced Oil Recovery*. Society of Petroleum Engineers,Texas,United States.

Lenormand,R. ,Zarcone,C. and Sarr,A. (1983). Mechanism of the displacement of one fluid by another in a network of capillary ducts. *J. Fluid Mech.* ,135,337 – 353.

Mahadevan,J. ,Lake,L. W. and Johns,R. T. (2003). Estimation of true dispersivity in field – scale permeable media. *Soc. Petrol. Eng. J.* ,8(3),272 – 279.

Mahani,H. ,Sorop,T. G. ,Ligthelm,D. ,Brooks,A. D. ,Vledder,P. ,Mozahem,F. and Ali,Y. (2011). Analysis of field responses to low salinity waterflooding in secondary and tertiary mode in syria. *SPE Europec/EAGE Annual Conference and Exhibition*,Vienna,Austria,(SPE 142960).

McCormack,M. P. ,Thomas,J. M. and Mackie,K. (2014). Maximising enhanced oil recovery opportunities in ukcs through collaboration. *Abu Dhabi International Petroleum Exhibition and Conference*,(SPE 172017).

Morel,D. ,Vert,M. ,Jouenne,S. and Nahas,E. (2008). Polymer injection in deep offshore field: The dalia case. *SPE Annual Technical Conference and Exhibition*,Denver,Colorado,September,(SPE 116672).

Muggeridge,A. ,Cockin,A. ,Webb,K. ,Frampton,H. ,Collins,I. ,Moulds,T. and Salino,P. (2012). Recovery rates,enhanced oil recovery and technological limits. *Philos. T. Roy. Soc. A*,372(20120320).

Orr,F. M. Jr. ,Yu,A. D. and Lien,C. L. (1981). Phase behavior of co2 and crude oil in low – temperature reservoirs. *Soc. Petrol. Eng. J.*,21(4),480-492.

Orr,F. M. Jr. (2007). *Theory of Gas Injection Processes.* Tie-Line Publications.

Pentland,C. H. ,Itsekiri,E. ,Mansoori,S. K. A. and Iglauer,S. (2010). Measurement of nonwetting-phase trapping in sandpacks. *Soc. Petrol. Eng. J.*,15(02),274-281.

Pope,G. A. (1980). The application of fractional flow theory to enhanced oil recovery. *Soc. Petrol. Eng. J.*,20(03).

Roof,J. (1970). Snap-off of oil droplets in water-wet pores. *Soc. Petrol. Eng. J.*,10(01),85-91.

Salathiel,R. (1973). Oil recovery by surface film drainage in mixed-wettability rocks. *J. Petrol. Technol.*,25(10),1216-1224.

Schmalz,J. P. and Rahme,H. D. (1950). The variation of waterflood performance with variation in permeability profile. *Producers Monthly*,15(9),9-12.

Seccombe,J. ,Lager,A. ,Jerauld,G. ,Jhaveri,B. ,Buikema,T. ,Bassler,S. ,Denis,J. ,Webb,K. ,Cockin,A. and Fueg,E. (2010). Demonstration of low-salinity EOR at interwell scale,Endicott field,Alaska. *SPE Improved Oil Recovery Symposium*,Tulsa,Oklahoma,24-28 April,(SPE-129692-MS).

Seright,R. S. ,Lane,R. H. and Sydansk,R. D. (2003). A strategy for attacking excess water production. *SPE Prod. Facil.*,18,158-169.

Skrettingland,K. ,Holt,T. ,Tweheyo,M. T. and Skjevark,I. (2011). Snorre lowsalinity-water injection-coreflooding experiments and single-well field pilot. *SPE Reserv. Eval. Eng.*,14(2),182-192.

Smalley,P. C. ,Ross,B. ,Brown,C. E. ,Moulds,T. P. and Smith,M. J. (2009). Reservoir technical limits: A framework for maximizing recovery from oil fields. *SPE Reserv. Eval. Eng.*,12(04),610-617.

Sorbie,K. S. (1991). *Polymer-Improved Oil Recovery.* Springer.

Sorbie,K. S. and Seright,R. S. (1992). Gel placement in heterogeneous systems with crossflow. *Proceedings SPE/DOE Enhanced Oil Recovery Symposium*,Tulsa,OK,(SPE-24192-MS).

Stoll,W. ,al Shureqi,H. ,Finol,J. ,Al-Harthy,S. ,Oyemade,S. ,de Kruijif,A. ,van Wunnik,J. ,Arkesteijn,F. ,Bouwmeester,R. and Faber,M. (2011). Alkaline/surfactant/polymer flood: From the laboratory to the field. *SPE Reserv. Eval. Eng.*,14(06),702-712.

Taber,J. ,Martin,F. and Seright,R. (1997a). Eor screening criteria revisited—part 1: Introduction to screening criteria and enhanced recovery field projects. *SPE Reservoir Eng.*,12(3),189-198.

Taber,J. ,Martin,F. and Seright,R. (1997b). EOR screening criteria revisited—part 2: Applications and impact of oil prices. *SPE Reservoir Eng.*,12(03),199-205.

Tang,G. Q. and Morrow,N. R. (1999). Salinity,temperature,oil composition and oil recovery by waterflooding. *SPE Reservoir Eng.*,12,269-276.

Tchelepi,H. A. and Orr,F. M. Jr. (1994). Interaction of viscous fingering,permeability heterogeneity,and gravity segregation in three dimensions. *SPE Reservoir Eng.*,9(04),266-271.

Thyne,G. (2011). Evaluation of the effect of low salinity waterflooding for 26 fields in Wyoming. *SPE Annual Technical Conference and Exhibition*,Denver,Colorado,(SPE 147410).

Todd,M. and Longstaff,W. (1972). The development,testing and application of a numerical simulator for predicting miscible flood performance. *J. Petrol. Technol.*,24(7),874-882.

USEIA(2014). Annual Energy Outlook 2014 with projections to 2014. Technical Report DOE/EIA-0383(2014),US Energy Information Administration.

Wallace,M. and Kuuskraa,V. (2014). Near-term projections of CO_2 utilization for enhanced oil recovery. Technical Report DOE/NETL-2014/1648,National Energy Technology Laboratory.

Webb, K. J., Black, C. J. J. and Al – Ajeel, H. (2003). Low salinity oil recovery – log inject log. *Middle East Oil Show*, Bahrain, 9 – 12 June, (SPE – 81460 – MS).

Yildiz, H. O. and Morrow, N. R. (1996). Effect of brine composition on recovery of Moutray crude oil by waterflooding. *J. Petrol. Sci. Eng.*, 14, 159 – 168.

Zhang, P. M., Tweheyo, M. T. and Austad, T. (2007). Wettability alteration and improved oil recovery by spontaneous imbibition of seawater into chalk: impact of the potential determining ions Ca^{2+}, Mg^{2+} and SO_2^{-4}. Colloid Surface A, 301, 199 – 208.

第3章 数值模拟

3.1 储层模型

3.1.1 概述

任何学科中,建模的目的都是在一个控制条件下,模拟一个过程或者一个物理现象,进而检测在环境改变时模型的反馈。

模型可以分为两类:

(1)理论模型;

(2)参数模型。

通常,参数模型常被应用在没有理论,或者影响因素很多而理论复杂,且所有影响因素都可用参数来表征的情况下。

实际气体方程为:

$$pV = nzRT \tag{3.1.1}$$

式中 p——气体系统压力,Pa;

$\quad\ \ V$——气体体积,m^3;

$\quad\ \ n$——物质的量,mol;

$\quad\ \ z$——气体的压缩因子;

$\quad\ \ R$——气体常数;

$\quad\ \ T$——气体系统温度,K。

应用一个温度压力校正因子 z,是对理想气体状态方程的一个校正。

另一个模型的分类为:

(1)物理模型;

(2)数学模型。

通常,物理模型被用于确定研究过程的参数或现象。牛顿的运动定律和普朗克的放射定律都是该方法的实例。事实上,应用模型,可以说是将学科从艺术转换为科学的主要因素。

虽然,本课程的重点是油气储层的数学模型,但物理模型对理解储层模拟具有重要作用。

3.1.2 物理模型

物理模型可分为三类:

(1)类比模型;

(2)综合模型;

(3)要素模型。

3.1.2.1 类比模型

类比模型的基础是对相似现象的研究,进而摸清参数的影响。

这类模型有:

(1)用热流动来模型单相流;

(2)用电实验来模拟井间的流线。

这些模拟在储层模拟中应用较少。

3.1.2.2 综合模型

综合模型就是将油藏生产的重要因素包含在物理模型中。由于实际问题的尺寸很大,因此大部分模型都是等比例缩小的模型。

在缩小模型中,储层的规模、岩石物性、流体性质和速度都要按比例缩小,模型中的力与油藏中一致。事实上,这很困难,假如可能的话,比如,缩小渗透率将会导致毛细管压力增加,因此要改变毛细管压力与重力和黏滞力的关系。这样的改变将导致模型的结果不能用于解决油藏尺度的问题。

这方面的一个例子就是在储层条件下,长岩心中的垂向气油驱替。开展该实验的主要原因是无法完全弄清驱替和物质转换中的相互作用。

虽然模型有用处,且结果可被包含在油藏模拟模型中,但由于其本质机理无法用参数表示,导致其预测效果很差。

3.1.2.3 要素模型

要素模型指针对油藏行为的某些微观特征建立的模型,比如岩心实验、流体实验等。这个模型的目的是聚焦于油藏实际中的某个特定问题,并将其从其他相互影响的因素中孤立出来。因此,这些测试要精心设计,免受其他外来因素的影响。

要素模型的一个例子就是油气在多孔介质中的流动实验,从而得到可以观察的相渗特征。实验目的是对多相流动特征进行定量,设计实验要排除相之间物质交换和重力分异的影响。

受流体特征和开发机理的控制,这个要素模型不能直接用于描述储层中的流体流动。

3.1.3 数学模型

数学模型就是一个描述系统的方程,方程中用一些可观测的变量来描述系统的参数。这些方程经常被称为物理"法则"。

除了非常少的基础法则,其他一般性的法则都有适用的限制条件。比如牛顿运动法则、理想气体法则,以及达西定律。

随着系统复杂性的增加,为了得到解析解或简单的数学模型,限制条件也会增多。如果应用数学模型时超出了方程固有的限制条件范围,那计算结果就会不合理,更糟的是看起来是正确的,但其机理和行为是完全错误的。

以石油工程师常用的递减分析和物质平衡方程为例,这些计算常用在没有改变井的生产制度、全油藏的水体行为研究,但由于简化的假设,在描述油藏细节和存在井的作业措施时,就不适用了。

3.1.4 数值模型

可以通过将油藏剖分成很小的单元,在每个单元中应用物质平衡和流动法则,从而建立更加复杂的数学模型。使每个小单元的体积趋近于零,可以建立多孔介质的流动方程。这些公式将在方程和术语章节中介绍。

推导出的方程是非线性的微分方程,即便是一个对流体属性的简单描述,通常也非常复杂,难以求出解析解。

为了在离散的时间、空间上解出方程,需要做进一步的近似,这些半离散的结果需要求解大型线性矩阵系统。高速计算机和算法研究使求解这些大型矩阵成为可能。这些公式和解对模拟工程师很重要,需要理解其影响因素。

比如,由于运动项的显式时间造成的饱和度的波动,以及不连续数据导致的全隐式的不收敛等。

3.1.5 模型只是比较的工具

油藏工程师可以将数值模拟作为一个工具,用来加深对油藏流体流动的理解,并提高对油藏的管理水平。油藏模型不是模拟油气的产出过程,而是对复杂实际问题的一种近似的数学简化。

大量的数据,尤其是远离井点处的预测结果,都是地球物理、地质和油藏工程的解释,这些解释构成了初始的基础模型,这个模型与井和油田的动态特征存在差异。因此,在开发的早期阶段,模型可以对不确定的参数进行定量的敏感性分析,在开发后期,随着生产数据的增加,模型可以调整并更好地表征观测数据的趋势。

这个精细的模型可用于优化油气的生产。

另一方面,模型可以用来作比较,可以考察敏感性,用于与现场数据比对,从而提高油藏描述成果。

3.2 方程和术语

单独的多孔介质流动基础定律可得出简单的结果。将对油气相行为的简单描述与非混相驱替的影响联立,构成了三组非线性二阶偏微分方程,一般情况下,没有解析解。

为了得到近似解,应用有限差分技术,得到一组大型线性方程组,从而得到解。

有限差分方程和线性矩阵的解会对模型的解产生重要的影响。

了解诸如数值振荡、相或组分弥散的影响,以及输入数据与模型相应的关系,能够显著改变结果和模拟方法。

出于这个原因,当油藏工程师开展一个油藏模拟时,了解技术及其潜在影响因素是非常重要的。

3.2.1 物质平衡

当流体在一个小单元中沿 x 方向流动时,可应用物质平衡法则,如图 3.2.1 所示。

在流入端和流出端应用物质平衡,可以得到:

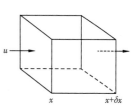

流入物质量 − 流出物质量 = 累计量

$$p_x u_x \delta y \delta z \delta t - \rho_{x+\delta x} u_{x+\delta x} \delta y \delta z \delta t = \phi \delta x \delta y \delta z (\rho_{t+\delta t} - \rho_t) \quad (3.2.1)$$

图 3.2.1 物质平衡

式中 ρ_x——流体在 x 方向上的密度,kg/m³;

u_x——流体在 x 方向上的流速,m^3/s;

y——小单元 y 方向上的长度,m;

z——小单元 z 方向上的长度,m;

t——流体流过小单元的时间,s;

ϕ——小单元内的孔隙度;

$\rho_{t+\delta t}$——$t+\delta t$ 时刻流体的密度,kg/m^3;

ρ_t——t 时刻流体的密度,kg/m^3。

消去同类项,并使 $\partial x \to 0$,$\partial t \to 0$,得到:

$$\frac{\partial(\rho u)}{\partial x} = \frac{\partial(\rho\phi)}{\partial t} \qquad (3.2.2)$$

式中 ρ——流体的密度,kg/m^3;

u——流体的流速,m^3/s;

x——小单元 x 方向上的长度,m。

式(3.2.2)描述了一维系统中流体流动的物质守恒。

3.2.2 达西公式

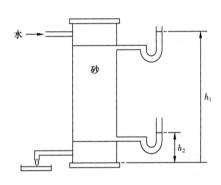

图 3.2.2 达西定律实验装置示意图

19 世纪中叶,Darcy 开展了一系列实验,为了第戎的供水系统计算了砂质过滤层的尺寸。他的装置的示意图如图 3.2.2 所示。

在入口和出口之间,有如下关系:

$$u_w \propto (h_1 - h_2) \qquad (3.2.3)$$

式中 u_w——水的流速,m/s;

h——高度,m。

这个结果可以推广至其他实验配置和流体,进而导出达西公式:

$$u = \frac{K}{\mu}\frac{\partial}{\partial l}(p + \rho g z) \qquad (3.2.4)$$

式中 u_w——流体的流速,m/s;

K——渗透率,m^2;

μ——黏度,$Pa \cdot s$;

p——压力,Pa;

l——流动系统的长度,m;

ρ——流体的密度,kg/m^3;

g——重力加速度,m/s^2;

z——流动系统的高程差,m。

值得注意的是,这个方程违反了牛顿的运动定律,这里的流体质点在恒定势能梯度下,按照恒定速度运动。

这个问题与一个盒子沿斜坡运动的最终速度的问题相似,此时重力与摩擦力处于动态平衡(图3.2.3)。

达西公式中隐含了势能加速力与复杂的迟滞力之间的平衡。这些迟滞力源于流体流动的先天属性,因此,在高速流动时,由于紊流的影响变得重要,这个法则会出现偏差。

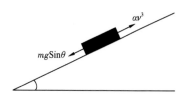

图3.2.3 动态平衡

3.2.3 扩散方程

将物质平衡和传导方程推广至三维得到:

$$\nabla(\rho u) = \frac{\partial}{\partial t}(\phi \rho) \tag{3.2.5}$$

同时:

$$u = \frac{K}{\mu}\nabla(p + \rho g z) \tag{3.2.6}$$

忽略重力项,并将式(3.2.5)和式(3.2.6)合并得到:

$$\nabla \frac{\rho K}{\mu}\nabla p = \frac{\partial}{\partial t}(\phi \rho) \tag{3.2.7}$$

假设孔隙度为常数,压力梯度小、流体压缩性小,那么:

$$\frac{\partial \rho}{\partial t} = \frac{\partial \rho}{\partial p}\frac{\partial p}{\partial t} = \rho c \frac{\partial \rho}{\partial t} \tag{3.2.8}$$

式中 c——流体压缩系数。

那么:

$$\nabla^2 p = \frac{\phi \mu c}{K}\frac{\partial p}{\partial t} \tag{3.2.9}$$

得到扩散方程的扩散常数:

$$c_{\text{diff}} = \frac{K}{\phi \mu c} \tag{3.2.10}$$

式中 c_{diff}——扩散系数。

应用极坐标系来表示流体流入井底:

$$\frac{1}{r}\frac{\partial}{\partial r}\left[r\frac{\partial p}{\partial r}\right] = \frac{\phi \mu c}{K}\frac{\partial p}{\partial t} \tag{3.2.11}$$

式(3.2.11)就是扩散方程的极坐标形式,方程的解可用于分析试井数据和某些解析水体。

事实上,对于黑油系统,有下面6个等式:

$$\nabla \frac{KK_{\text{o}}}{\mu_{\text{o}}B_{\text{o}}}\nabla(p_{\text{o}} - \rho_{\text{o}}g z) - q_{\text{o}} = \frac{\partial}{\partial t}(\rho_{\text{o}}\phi S_{\text{o}}) \tag{3.2.12}$$

式中 K——绝对渗透率,m^2;

K_o——油相相对渗透率,m^2;

μ_o——油相黏度,$Pa \cdot s$;

B_o——油的地层体积系数;

p_o——油相压力,Pa;

ρ_o——油的密度,kg/m^3;

g——重力加速度,m/s^2;

z——油相流动系统的高差,m;

q_o——油相流速,m/s;

S_o——含油饱和度;

ϕ——孔隙度;

t——时间,s。

$$\nabla \frac{KK_g}{\mu_g B_g} \nabla (p_g - \rho_g gz) + \nabla \frac{KK_o}{\mu_o B_o} R_s(p) \nabla (p_o - \rho_o gz) - q_g = \frac{\partial}{\partial t} [(R_s \rho_o S_o + \rho_g S_g) \phi]$$

$$(3.2.13)$$

式中 K_g——油相相对渗透率,m^2;

μ_g——气相黏度,$Pa \cdot s$;

B_g——气的地层体积系数;

p_g——气相压力,Pa;

ρ_g——气的密度,kg/m^3;

R_s——溶解气油比;

q_g——气相流速,m/s;

S_g——含气饱和度。

$$\nabla \frac{KK_w}{\mu_w B_w} \nabla (p_w - \rho_w gz) - q_w = \frac{\partial}{\partial t} (\phi \rho_w S_w) \qquad (3.2.14)$$

式中 K_w——水的相对渗透率,m^2;

μ_w——水的黏度,$Pa \cdot s$;

B_w——水的地层体积系数;

p_w——水相压力,Pa;

ρ_w——水的密度,kg/m^3;

q_w——水相流速,m/s;

S_w——含水饱和度。

$$S_o + S_w + S_g = 1.0 \qquad (3.2.15)$$

$$p_o = p_{cow}(S_w) + p_w \qquad (3.2.16)$$

式中 p_{cow}——油水之间的毛细管压力,Pa。

$$p_o = -p_{cog}(S_g) + p_g \qquad (3.2.17)$$

式中　p_{cog}——油气之间的毛细管压力，Pa。

这6个等式和6个未知数代表了油藏中流体的流动，由于彼此并不独立，且具有非线性特征，方程可能没有解析解。

但可以应用有限差分方法，在特定的空间位置和离散时刻得到近似解。

3.2.4　有限差分

有限差分方法应用导数的近似形式对每个选定空间点估计微分方程的值。简单地说，假设一个函数 $f(u)$，如图3.2.4所示，在每一个网格上有：

$$u_{i+1} - u_i = \delta_u \qquad (3.2.18)$$

应用泰勒展开式，得到：

$$f(u_{i+1}) = f(u_i) + \partial u f_i' + \frac{\partial u^2}{2!}f_i'' + \frac{\partial u^3}{3!}f_i''' + \cdots$$
$$(3.2.19)$$

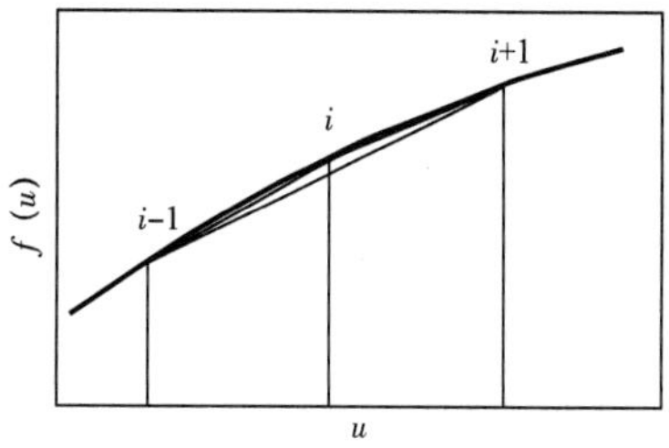

$$f(u_{i-1}) = f(u_i) - \partial u f_i' + \frac{\partial u^2}{2!}f_i'' - \frac{\partial u^3}{3!}f_i''' + \cdots$$
$$(3.2.20)$$

图 3.2.4　有限差分

借此来近似估计导数得到：

$$\frac{\partial f^f}{\partial u} = \frac{f(u_{i+1}) - f(u_i)}{\delta u} + O(\delta u) \qquad (3.2.21)$$

$$\frac{\partial f^b}{\partial u} = \frac{f(u_i) - f(u_{i-1})}{\delta u} + O(\delta u) \qquad (3.2.22)$$

$$\frac{\partial^2 f}{\partial u^2} = \frac{f(u_{i-1}) + f(u_{i+1}) - 2f(u_i)}{\delta u^2} + O[(\delta u)^2] \qquad (3.2.23)$$

这里，上标 b 和 f 分别代表向后和向前计算差分。

如果在一个一维单一油相方程中应用这个近似，可以得到：

$$\frac{1}{\delta x^2}\left\{\left[\frac{KK_o}{\mu_o B_o}\right]_{i+1/2}(p_{i+1} - p_i) - \left[\frac{KK_o}{\mu_o B_o}\right]_{i-1/2}(p_i - p_{i-1})\right\} - \bar{q}_o = \frac{1}{\delta t}\left\{\left[\frac{\phi S_o}{B_o}\right]_i^{n+1} - \left[\frac{\phi S_o}{B_o}\right]_i^n\right\}$$
$$(3.2.24)$$

那么对于每个空间上的点，对于每一种流体，都可以得到与油相相似的等式。

乘以每个单元的体积，将指定相转换为单位时间的体积，得到：

$$\frac{\delta y \delta z}{\delta x}\left\{\left[\frac{KK_o}{\mu_o B_o}\right]_{i+1/2}(p_{i+1} - p_i) - \left[\frac{KK_o}{\mu_o B_o}\right]_{i-1/2}(p_i - p_{i-1})\right\} - q_o = \frac{V}{\delta t}\left\{\left[\frac{\phi S_o}{B_o}\right]_i^{n+1} - \left[\frac{\phi S_o}{B_o}\right]_i^n\right\}$$
$$(3.2.25)$$

上标 n 代表当前时间步的起始, $n+1$ 代表当前时间步的结束。

由于导数近似方法固有的误差,对于每个空间点和每个相,在空间上和时间上都会引入误差。这个误差被称为截断误差。

空间截断误差与 δx^2 相关,在网格相对规则情况下通常很小。如果邻近网格体积变化很大,空间截断误差就会变得重要了。

通常,时间截断误差比较重要,因为对于时间项,导数近似仅在 δt 内是正确的,误差随着时间步的长度增大而增大。

3.2.5 隐式和显式方程

显式方程:

$$\delta\rho = \frac{AK}{\mu_o B_o}\frac{\Delta p}{\Delta x}\delta t\frac{1}{A\Delta x_\phi}, \delta t < \frac{\Delta x^2}{2}\frac{\phi\mu_o c}{K} \tag{3.2.26}$$

式中　A——网格截面积,m^2。

对于油相,方程为:

$$\frac{\delta y\delta z}{\delta x}\left\{\left[\frac{KK_o}{\mu_o B_o}\right]_{i+1/2}(p_{i+1}-p_i)-\left[\frac{KK_o}{\mu_o B_o}\right]_{i-1/2}(p_i-p_{i-1})\right\}-q_o = \frac{V}{\delta t}\left\{\left[\frac{\phi S_o}{B_o}\right]_i^{n+1}-\left[\frac{\phi S_o}{B_o}\right]_i^n\right\} \tag{3.2.27}$$

这个微分方程服从达西公式和物质平衡方程。两点间的计算流量取决于流动的时间和压差。

如果假设两个网格完全含油,初始压差为 Δp(图 3.2.5),那么根据达西公式可以计算相邻网格间的瞬时流量。

$$N = \frac{AK}{\mu_o B_o}\frac{\Delta p}{\Delta x}\delta t \tag{3.2.28}$$

式中　N——流量,m^3/s。

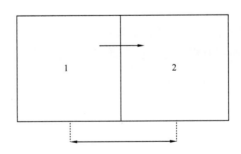

图 3.2.5　两个网格之间的流动

导致的密度差为:

$$\delta p = \frac{AK}{\mu_o B_o}\frac{\Delta p}{\Delta x}\delta t\frac{1}{A\Delta x\phi} \tag{3.2.29}$$

对于总压缩系数 c ,流动导致的压力变化如下:

$$\delta p \ = \ \frac{K}{\phi\mu_o c}\frac{\Delta p}{\Delta x^2}\delta t \tag{3.2.30}$$

为了保证稳定流动, δp 需小于 $\Delta p/2$ 。

$$\delta t \ < \ \frac{\Delta x^2}{2}\frac{\phi\mu_o c}{K} \tag{3.2.31}$$

如:

$$\Delta x \ = \ 10^4 \text{cm}$$

$$\mu_o \ = \ 1\text{mPa} \cdot \text{s}$$

$$c \ = \ 10^{-4}\text{atm}^{-1}$$

$$K \ = \ 1\text{D}$$

$$\phi \ = \ 0.2$$

那么 $\delta t < 10^3 \text{s}$,近似为 15min 。

如果超过这个时间步,就会发生振荡。

为了放宽时间步从而提供可用的时间步长,压力需要用隐式处理。隐式和显式流动计算的差异如图3.2.6所示。

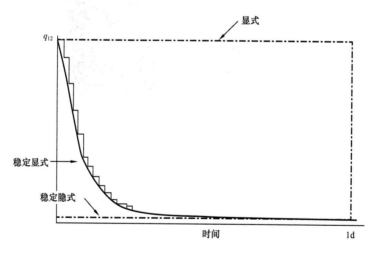

图 3.2.6 隐式和显式

在新的时间步长水平,压差为:

$$\frac{\partial y \partial z}{\partial x}\left\{\left[\frac{KK_o}{\mu_o B_o}\right]_{i+1/2}(p_{i+1} - p_i)^{n+1} - \left[\frac{KK_o}{\mu_o B_o}\right]_{i-1/2}(p_i - p_{i-1})^{n+1}\right\} - q_o \ = \ \frac{V}{\delta t}\left\{\left[\frac{\phi S_o}{B_o}\right]_i^{n+1} - \left[\frac{\phi S_o}{B_o}\right]_i^{n}\right\}$$

$$\tag{3.2.32}$$

将 ϕ 和 $1/B_o$ 与压力的关系处理成线性表达式：

$$b_i = -\delta t \delta y \delta z \left\{ \left[\frac{K}{\mu_o B_o} \right]_{i+1/2} (p_{i+1}^n - p_i^n) - \left[\frac{K}{\mu_o B_o} \right]_{i-1/2} (p_i^n - p_{i-1}^n) \right\} \qquad (3.2.33)$$

式中　b_i——线性表达式系数。

$$a_{i-} = \left[\frac{K}{\mu_o B_o} \right]_{i-1/2} \delta t \delta y \delta z \qquad (3.2.34)$$

式中　a_{i-}——线性表达式系数。

$$a_{i+} = \left[\frac{K}{\mu_o B_o} \right]_{i+1/2} \delta t \delta y \delta z \qquad (3.2.35)$$

式中　a_{i+}——线性表达式系数。

$$a_i = a_{i-} + a_{i+} + \left[\frac{1}{B_o} \frac{\partial \phi}{\partial p} - \phi \frac{\partial \left(\frac{1}{B_o} \right)}{\partial p} \right] V \delta x \qquad (3.2.36)$$

式中　a_i——线性表达式系数。

那么：

$$b_i = a_{i-} \Delta p_{i-1} + a_i \Delta p_i + a_{i+} \Delta p_{i+1} \qquad (3.2.37)$$

这里，在每个时间步上的压力变化为：

$$\Delta p_i = p_i^{n+1} - p_i^n \qquad (3.2.38)$$

具有 m 个空间点的一维问题，有 m 个线性方程：

$$\begin{bmatrix} a_1 & a_{1+} & & & & \\ a_{2-} & a_2 & a_{2+} & & & \\ & a_{3-} & a_3 & a_{3+} & & \\ & & \cdots & \cdots & \cdots & \\ & & & \cdots & \cdots & \cdots \\ & & & & a_{m-} & a_m \end{bmatrix} \begin{bmatrix} \Delta p_1 \\ \Delta p_2 \\ \Delta p_3 \\ \cdots \\ \cdots \\ \Delta p_m \end{bmatrix} = \begin{bmatrix} b_1 \\ b_2 \\ b_3 \\ \cdots \\ \cdots \\ b_m \end{bmatrix} \qquad (3.2.39)$$

用更紧凑的形式表示为：

$$A \Delta p = b \qquad (3.2.40)$$

式中　**A**——线性表达式系数 a_i 组成的矩阵;

　　　b——线性表达式系数 b_i 组成的矩阵;

　　　p——压力,Pa。

每个独立网格的压力值不再是独立计算,这个值包含在整个方程组当中。

这样就留下了流动的时间问题。关于饱和度的问题,可以应用显式方法。

全隐式方法在后一个时间步上计算矩阵左侧所有系数。

IMPES(隐式压力,显式饱和度)在开始时间步计算饱和度。从方程的隐式程度上讲,有很多方案。

显式方法可以快速计算每个时间步,并仅需较少计算存储空间,但有稳定性的限制,会导致振荡或是解的偏离。

隐式方法在每个时间步计算慢,但不受稳定性约束,因此成为黑油模型的常规方法。

3.2.6　偏差和权重

微分方程中的流动项与网格之间的流体流动相关。为了计算这项参数,需要网格界面处的饱和度和压力,按照定义,这不是一个计算节点。通常的方式是将上游网格中心的流动性定义为界面处的流动性。

这会导致上游网格中的流体被分散了,并且不能模拟水驱前缘的突变(图 3.2.7)。数值分散的严重程度受有限差分网格选择的影响。

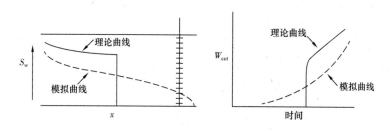

图 3.2.7　离散

3.2.7　非线性和外部迭代

为了建立流体流动的离散方程:

$$A\Delta p = b \tag{3.2.41}$$

需要假设孔隙度与体积系数的倒数呈线性关系。

离散还需要 B_o^{n+1} 的值,计算该参数使用 Newton – Raphson 方法:

$$\frac{1}{B_o^{k+1}} = \frac{1}{B(p^k)} + \left(\frac{\partial 1/B_o}{\partial p}\right)^k \delta p^{k+1} \tag{3.2.42}$$

式中　B_o——油的地层体积系数;

　　　k——迭代维度;

　　　δp^{k+1}——迭代得到的压差。

第一步迭代使用时间的起始点,及其对应的初始点和压力梯度。

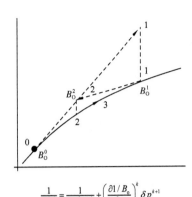

$$\frac{1}{B_o^{k+1}} = \frac{1}{B_o\left(p^k\right)} + \left(\frac{\partial 1/B_o}{\partial p}\right)^k \delta p^{k+1}$$

图 3.2.8　牛顿迭代

第一步迭代后,再在新的压力值下,计算 $1/B_o$ 及其导数。迭代过程的结束条件为:压差小于容忍值,并且物质平衡在容忍值之内,或者达到了最大迭代次数。

迭代过程如图 3.2.8 所示。

对于一些网格,如果地层体积系数在新的时间点不收敛,那么微分方程中使用的密度就会不匹配,结果不会满足物质平衡,会导致物质平衡上的误差。

3.2.8　线性求解

已有如下方程:

$$A\Delta p = \boldsymbol{b} \tag{3.2.43}$$

需要得到压力变化的矢量才能解出方程。对于数值模拟,为了将求解效率最大化,设计了专用的线性求解器。

这是个如此大体量的问题,相关的努力是必要的,比如一个 1000 个网格的全隐式黑油模型,可能包含 9000000 个矩阵要素。

开发的求解算法不只考虑了矩阵的简化,还考虑了将矩阵规范化。

矩阵要素的实际位置取决于有限差分空间点的索引方案,这个方案也会影响矩阵转置时的运算量。

一些索引方案如图 3.2.9 和图 3.2.10 所示。

1	2	3	4	5
6	7	8	9	10
11	12	13	14	15

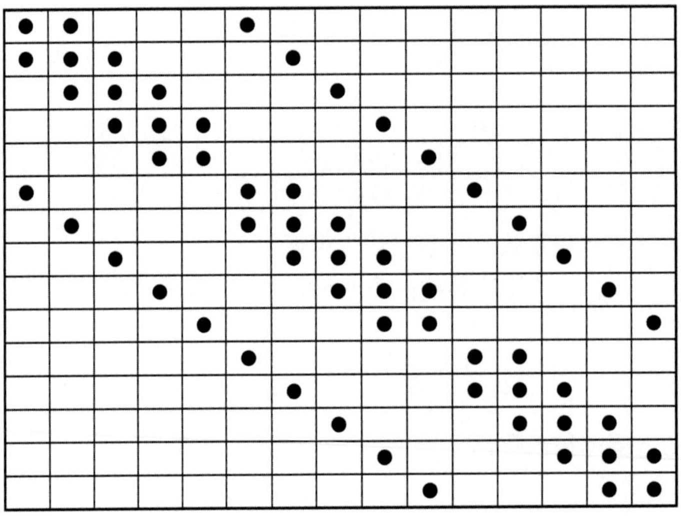

图 3.2.9　矩阵索引方案 1

1	4	7	10	13
2	5	8	11	14
3	6	9	12	15

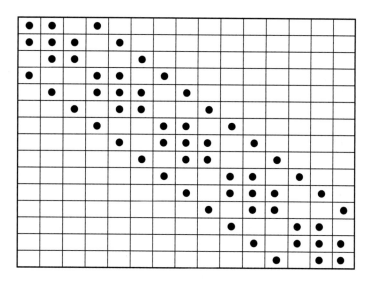

图 3.2.10　矩阵索引方案 2

如果可以，将矩阵写成：

$$A = LU \tag{3.2.44}$$

式中　A——线性表达式系数 a_i 组成的矩阵；

　　　L——系数 a_i 构成的下对角矩阵；

　　　U——系数 a_i 构成的上对角矩阵。

那么问题变为：

$$LU\Delta p = b \tag{3.2.45}$$

或者

$$U\Delta p = L^{-1}b \tag{3.2.46}$$

因此，逆计算为：

$$\Delta p = U^{-1}L^{-1}b \tag{3.2.47}$$

进行一次正消除和逆计算可使压力变化矢量更加清晰。

该过程涉及矩阵行的操作，这需要大量的计算，计算量取决于每一行最外层矩阵要素索引方式的差异。这被称为矩阵带宽，这与使用的排序方案和每个尺度内的网格数相关。

对于包含 n_x、n_y、n_z 个网格的模型，首先排序 x 方向，那么带宽 w 为：

$$w = 2n_y n_z + 1 \tag{3.2.48}$$

经典的正消除和逆计算方法是高斯消元法,也叫直接解法。这种解法的计算量 N 取决于带宽,约为:

$$N \propto n_x n_y^3 n_z^3 \tag{3.2.49}$$

另一种方法是通过迭代方法进行近似的三角分解。计算量 N 取决于迭代技术,约为:

$$N \propto n_{iter} n_x n_y n_z \tag{3.2.50}$$

式中 n_{iter}——收敛到线性解所需的迭代次数。

虽然这超出了课程的范畴,但思考这个问题可以更加了解相关计算基础。

对于一个二维问题,可以表示为:

$$A\Delta p = b \tag{3.2.51}$$

$$\begin{bmatrix} T_1 & H_1 & & \\ G_2 & T_2 & H_2 & \\ & G_3 & T_3 & H_3 \\ & & G_4 & T_4 \end{bmatrix} = \begin{pmatrix} x_1 \\ x_2 \\ x_3 \\ x_4 \end{pmatrix} = \begin{pmatrix} B_1 \\ B_2 \\ B_3 \\ B_4 \end{pmatrix} \tag{3.2.52}$$

这里的 T_i 是 l 维三对角矩阵,这里的 l 是模型的长度。H_i 和 G_i 是一维对角矩阵,x_i 和 B_i 分别是长度为 l 的压力变化矢量和 b 矢量。

解这组方程的方法是对三对角子矩阵进行直接求解,如下:

$$x_1^{m+1} = T_1^{-1}(B_1 - H_1 x_2^m) \tag{3.2.53}$$

$$x_2^{m+1} = T_2^{-1}(B_2 - G_2 x_1^{m+1} - H_2 x_3^m) \tag{3.2.54}$$

$$x_3^{m+1} = T_3^{-1}(B_3 - G_3 x_2^{m+1} - H_3 x_4^m) \tag{3.2.55}$$

$$x_4^{m+1} = T_4^{-1}(B_4 - G_4 x_3^{m+1}) \tag{3.2.56}$$

这里,m 是线性解迭代水平的索引。

重复这个迭代过程,直到所有的矢量要素都小于容忍值 ε。

$$(x^{m+1} - x^m) < \varepsilon \tag{3.2.57}$$

这里列出的是解 x 的值,从而修正方程右侧的最新的方法也被称为线性 Gauss – Seidel 过程。

这个迭代过用于解线性方程,后续的迭代指向 m 的称为内部迭代,是相对于指向 k 的外部迭代的说法,外部迭代需要解非线性问题。

这些迭代方案流程如图 3.2.11 所示,可以看到内部迭代和外部迭代的关系。

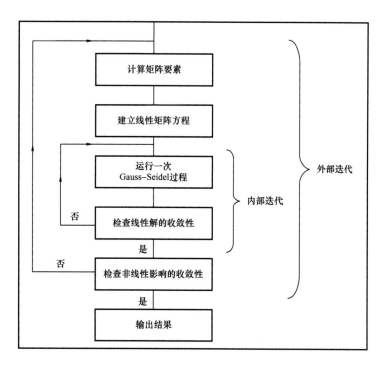

图 3.2.11　迭代方案概况

3.3　Buckley—Leverett 驱替

在一维多孔介质系统中,非可压缩流体驱替另一种不混相的非可压缩流体,速度恒定,那么应用物质守恒定律,得到:

$$\left[\frac{\partial q_w}{\partial x}\right]_t = -A\phi\left[\frac{\partial S_w}{\partial x}\right]_x \qquad (3.3.1)$$

式中　q_w——水的流量,m^3/s;

　　　　x——一维系统中的位置,m;

　　　　t——时间,s;

　　　　A——垂直流动方向上的横截面,m^2;

　　　　ϕ——孔隙度;

　　　　S_w——含水饱和度。

含水饱和度的偏微分方程为:

$$dS_w = \left[\frac{\partial S_w}{\partial x}\right]_t dx + \left[\frac{\partial S_w}{\partial x}\right]_x dt \qquad (3.3.2)$$

那么,在含水饱和度为零的饱和度等值线上,有:

$$\left[\frac{\partial S_w}{\partial t}\right]_x = -\left[\frac{\partial S_w}{\partial x}\right]\left(\frac{dx}{dt}\right)_{S_w} \qquad (3.3.3)$$

定义水的分流量为：

$$f_w = \frac{q_w}{q_{total}} \qquad (3.3.4)$$

式中　f_w——含水率；
　　　q_w——水的流量，m^3/s；
　　　q_{total}——总流量，m^3/s。
　　对于油水驱替过程，有：

$$f_w = \frac{q_w}{q_w + q_o} \qquad (3.3.5)$$

式中　q_o——油的流量，m^3/s。
　　那么，由于总流量为常数，则有：

$$\frac{\partial q_w}{\partial x} = q_{total}\frac{\partial f_w}{\partial x} \qquad (3.3.6)$$

　　并且

$$\frac{\partial f_w}{\partial x} = \frac{\partial f_w}{\partial S_x}\frac{\partial S_w}{\partial x} \qquad (3.3.7)$$

将式(3.3.3)和式(3.3.7)代入式(3.3.1)，得到：

$$q_{total}\frac{\partial f_w}{\partial S_w}\frac{\partial S_w}{\partial x} = A\phi\frac{\partial S_w}{\partial x}\left[\frac{dx}{dt}\right]_{S_w} \qquad (3.3.8)$$

消除同类项并整理得到：

$$v_{S_w} = \left[\frac{dx}{dt}\right]_{S_w} = \frac{q_{total}}{A\phi}\left[\frac{df_w}{dS_w}\right]_{S_w} \qquad (3.3.9)$$

式中　v_{S_w}——等饱和度线的运动速度，m/s。
　　这意味着，等饱和度线的运动速度与该饱和度下含水率的梯度成正比。
　　图3.3.1和图3.3.2是北海油田油水系统的含水率曲线。这个方程的结果在数学上不稳定，因为高含水饱和度对应的速度大于前缘低含水饱和度对应的速度。
　　这会形成一个波动前缘或者一个高效驱替的活塞式水驱。
　　这个分析结果可以用于与数值模拟结果进行比较，从而考察简单系统中数值离散的影响。
　　需要认识到，虽然油藏中主要是水的驱替，但毛细管压力、垂向和横向的孔渗非均质性，以及重力的影响，这些因素并不都具有相同的作用方向，这些离散要素与数值离散很相似。

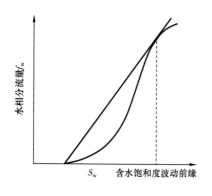

图 3.3.1　分相流量

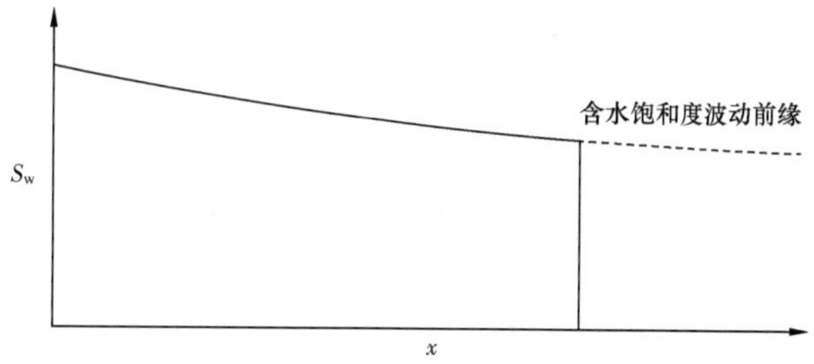

图 3.3.2　Buckly—Leverett 驱替

3.4　储层建模

虽然所有的模型都不一样,并且建模方法也不相同,但对于所有的模型,基本输入数据和模型的类型都是相似的。

3.4.1　模型要素

所有的模型都需要那些输入模拟所需的数据。

3.4.1.1　储层描述

油藏描述需要的数据包括:

(1)储层几何结构;

(2)岩石属性;

(3)多相流体流动属性;

(4)流体行为属性;

(5)水体属性。

3.4.1.2　初始化

为了设置初始时各相的饱和度和压力,模型需要如下数据:

(1)流体界面的位置;

(2)毛细管压力函数;

(3)流体属性的空间变化情况;

(4)指定深度下的对应压力。

3.4.1.3　模型控制

虽然通常应用默认设置,但模型中仍有很多控制参数:

(1)有限差分方程;

(2)线性方程解法;

(3)非线性迭代次数;

(4)解的精确度要求。

3.4.1.4 生产数据

这里包括与时间相关的数据:

(1)井位和类型;

(2)射孔段和参数;

(3)井的目标产量;

(4)井或井组的约束条件;

(5)异常情况对应的处理结果。

3.4.1.5 成果输出

用户可以要求不同类型的报告、数据,以及输出结果:

(1)时间步的总结;

(2)井的总结;

(3)分区总结;

(4)变量的数值场;

(5)图表文件;

(6)虚拟文件;

(7)重启文件。

输入数据的细节取决于模型指定的类型和格式。随着模型需要处理的物理过程的复杂性增加,所需的数据量也随之增加。虽然有些模拟器提供了观测数据的功能,但这并不意味着数据的绝对正确,保证输入数据的一致性仍是工程师的重要职责。

3.4.2 模型类型

油藏模拟是一种可以细致研究油藏特定活动,同时简化其他方面以突出研究目标,研究初期,油藏模型的分辨率较低。较低分辨率的模型可以包含大量的井和油藏约束条件,但这些大量的数据有时难以从一开始就包含在高分辨率模型中。

理论上,模型包括下列几种。

3.4.2.1 剖面模型

主要影响油气产量的因素之一就是渗透率的纵向分布,以及层间的垂向连通性。

如果存在高渗透或低渗透薄层,那么将对油田的产量产生巨大影响,在储层厚度较大的模型中,这种层一定要精确地表征出来。

剖面模型可以用于研究这类生产特征,可用于研究发育夹层的粗略模型的油藏行为。

在某些油田,剖面模型可用于研究未来的生产特征、模拟的结果,通过某些方式可以代表油田的行为。

3.4.2.2 区块模型

应用剖面模型研究油田的生产特征,只是区块模型的一个特殊形式,区块模型也可以用来对油田某些细节做精细研究,包括生产制度和约束条件等。

规则井网下的水驱单元和孤立的断块模型就是区块模型的例子。

区块模型经常用于模型边界上流体交换为零或者可以忽略的情况。在某些情况下,也可能在每个时间步对边界流量进行定义。比如油藏与一个水体相连的情况。

3.4.2.3 单井极坐标模型

单井模型常用于研究试井的压力特征,也被用于研究流体产量的影响因素,包括优化完井位置,或是将单井产量归入大模型产量中。

3.4.2.4 全油藏模型

单一的高分辨率模型用来研究特殊区域或影响的细节特征,但全油藏中注采井之间的相互影响,以及井组或油田的约束条件都需要在全油藏模型中研究。高分辨率的模型模拟结果要通过粗化反映到全油藏模型之中,从而体现单井的生产特征。

虽然全油藏模型已经是模型经过粗化后的结果,但粗化模型中仍会有数万的活动网格,总网格数常达到数十万。

对这样大规模的网格模型,保持输入数据的一致性,并分析模型结果,是一项巨大的工作。

3.5 网格系统

在3.2.4部分,论述了一维系统的有限差分形式,其可以推广至空间上,得到油相的笛卡儿扩散方程。简化符号后,可以表达为:

$$T_{xi_+}(p_{i+1}-p_i)-T_{xi_-}(p_i-p_{i-1})=\frac{1}{\delta t}\Delta t\left[\frac{\phi S_o}{B_o}\right] \tag{3.5.1}$$

式中 T——传导率,Pa^{-1};

p——压力,Pa;

t——时间,s;

ϕ——孔隙度;

S_o——含油饱和度;

B_o——原油地层体积系数。

在极坐标下,线性扩散方程变为:

$$\frac{1}{r}\frac{\partial}{\partial r}\left[r\frac{\partial p}{\partial r}\right]=\frac{\phi\mu c}{K}\frac{\partial p}{\partial t} \tag{3.5.2}$$

式中 r——极坐标下的位置变量,m;

μ——黏度,$Pa \cdot s$;

c——总压缩系数;

K——渗透率,m^2。

与笛卡儿方程一样,将式(3.5.2)离散后得到:

$$\frac{1}{r_i\delta r_i}\left\{\left[\frac{KK_o}{\mu_o B_o}\right]_{i+1/2}r_{i+1/2}(p_{i+1}-p_i)-\left[\frac{KK_o}{\mu_o B_o}\right]_{i-1/2}r_{i-1/2}(p_i-p_{i-1})\right\}=\frac{V}{\delta t}\left\{\left[\frac{\phi S_o}{B_o}\right]_i^{n+1}-\left[\frac{\phi S_o}{B_o}\right]_n^i\right\}$$

$$\tag{3.5.3}$$

式中 K——绝对渗透率,m^2;

K_o——油相相对渗透率,m^2;

μ_o——油相黏度,Pa·s;

q_o——油相流速,m/s。

这里$r_{i-1/2}$代表i和$i-1$之间计算流动的点。在极坐标下,应用数学平均并不合适。对于稳定流入井筒的情况,用对数平均表示更好:

$$r_{i+1/2} = \frac{r_{i+1} - r_i}{\ln(r_{i+1}/r_i)} \tag{3.5.4}$$

对于传导率中心的选择,可以表示为:

$$T_{r_{i+}}(p_{i+1} - p_i) - T_{r_{i-}}(p_i - p_{i-1}) = \frac{1}{\delta t}\Delta t\left(\frac{\phi S_o}{B_o}\right) \tag{3.5.5}$$

这与笛卡儿坐标在形式上是一样的,只是几何结构的变化被耦合到了传导率的计算等式中了。

这个属性是大部分模拟器的基础,其他更加复杂的坐标系统都是将影响传导率计算的几何结构预先处理后,代入标准模拟器中。

需要注意的是,线性的一维笛卡儿系统与对数的一维极坐标系统完全相似,但二维笛卡儿模型与二维极坐标模型不一样。这是因为,极坐标系统的边界条件是按照方位角坐标进行离散的,这种坐标是首尾相连的。

3.5.1　笛卡儿系统

笛卡儿坐标模型是矩形网格(图3.5.1),这是最常用的网格类型之一。这是因为这种网格最容易构建,并且容易解释。潜在的问题是这些模型不是最佳的,而且网格方向会对模拟结果造成影响。

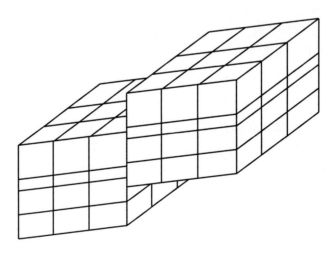

图 3.5.1　三维笛卡儿坐标系

即便如此,因为构建简单,并且容易与油田行为建立关系,因此这种模型还是很多模拟的首选网格。

选择网格的尺寸是精确度和成本妥协的产物。对于特定模型,网格的尺寸受如下方面影响：

（1）构造描述的要求；

（2）流体界面的位置；

（3）计划的井网密度。

显然，网格的尺寸还受数据质量和数量的影响。对于只有评价井，或很粗间距二维地震测线的数据，构建数万网格的模型也是没有意义的。

3.5.2　极坐标坐标系

极坐标的示意图如图 3.5.2 所示。如上面提到的，数学上的表达与坐标系统无关。但有时并不是这样，数值上更加敏感的极坐标模型通常具有更高的隐式程度，这并不适于进行大规模模型计算。

对于单井模型，极坐标已经被普遍集成于商业系统中，作为坐标系统的选项之一。这是因为现今的黑油模型都可以处理全隐式微分方程了。

3.5.3　流线网格

像在笛卡儿坐标系统中连接每个网格中心那样，可以使模拟器形成独立的网格系统，如果计算了孔隙体积和传导率，那么，保留了网格序号和彼此连通方案的系统就可以用于计算合适的几何结构了。

其中一种应用就是用流线和等势线来定义网格。这些网格对某些井组配置、流体流度比可以进行解析计算，有时会因储层的非均质性和生产制度的改变而发生扭曲。因此，也会用一种简单的方法来用直线近似表征流线，如图 3.5.3 所示。

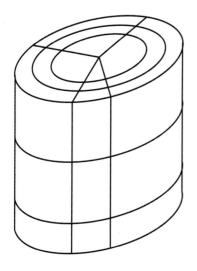

图 3.5.2　三维柱状系统

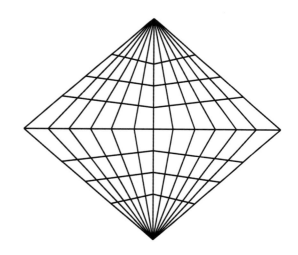

图 3.5.3　近似流线系统

在某些情况下，这可以为非常复杂的问题提供有效的解决方案，但要注意的是，准确选择流线对模拟结果的正确与否具有重要影响。

3.5.4 特殊连接

因为不同坐标系统数学上都有局限性,因此数值模拟器可以对网格系数进行修改,应用预先定义的几何参数,不改变网格位置的情况下,修改网格连通关系。

这在极坐标系统中可能并不正确,在极坐标中,第一个和最后一个圆弧单元之间需要一些额外的网格。这在严格定义的位置中可能出现,并且可以在线性方程中得到有效解。

对于有井约束的情况,对网格的附加条件是有必要的。比如一口井同时钻开若干不连通的层,那么按照其最大产能生产,每一层的产量贡献受都其他层的影响。

$$q_{total} = q_{11} + q_{12} + \cdots + q_{1k} \tag{3.5.6}$$

这就使井钻开的网格全部彼此连通。这些附加网格的位置仅是井周边环状范围内的局部网格,并且这些网格只在钻井后才彼此连通。

地质上的尖灭也是非相邻网格彼此相连的情况,如图 3.5.4 所示。

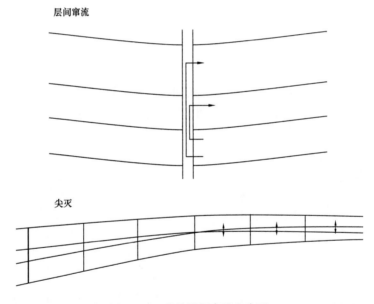

图 3.5.4　井的层间窜流和尖灭

对开启断层中流体窜流的处理也是这种情况(图 3.5.5),也要在常规网格模式之上增加连通性。比如一条断层断距为层厚的一半,那么在渗透层相连的位置其传导率下降,在渗透层与非渗透层相连的位置传导率增加。

这些情况与时间无关,但在大型断块油藏中,数量会很多,同时可以保留原来的网格系统。这还可以保证内部的迭代速度,同时保证网格的收敛性。

3.5.5 角点网格

将平面坐标系统扩展到扭曲网格,仍保持网格为六面体,但这些网格沿着断层方向,在不垂直的断层处也可以贴合断层。这时不能简单地描述网格形状,解决办法是给出八个点的坐标。需要注意,这里仍然要定义相邻网格,但两个相邻网格之间的点不必是一致的。

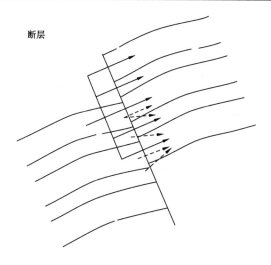

图3.5.5 断层窜流

还可以计算相邻网格之间的传导率,然后,采用与其他网格一样的方法,在模拟器中处理角点网格。

3.5.6 局部网格加密

通常的空间离散方法是在构造图上用线圈定一定范围的网格。这些线可以是曲线,如果不是笛卡儿坐标系统,那么为了保留构造骨架,这些线需要是封闭曲线。

处理断层窜流时,要求将断层临近的六个网格同时进行处理,同样在局部加密网格也是如此。如图3.5.6所示。

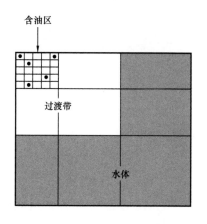 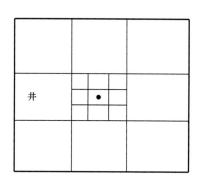

图3.5.6 局部网格加密

应用局部加密网格会自动将其与基质网格相连通。如图3.5.7所示,在这个位置,会计算加密网格与基质网格之间额外的传导率。

因为基质网格会被打乱,线性迭代的时间和次数都会大幅增加。

3.5.7 非结构网格

当网格复杂性增加时,简单的网格结构就会减少,这意味着系数矩阵变为稀疏矩阵,从而

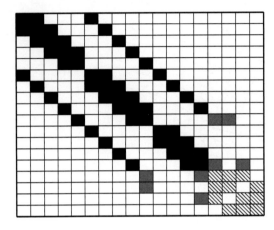

1	2	3	4	5	
6	7	8	9	10	
11	12	13	14	15	16
				17	18

图 3.5.7　局部网格加密对基质网格的影响

没有了明确的结构。这样的非结构网格需要正交二等分线(PEBI)连接一组控制点。这些控制点变为网格节点,网格节点的性质由围绕每个网格的 PEBI 线所决定,如图 3.5.8 所示。注意某些网格是笛卡儿网格,但某些网格周围有 5~6 个网格相邻。

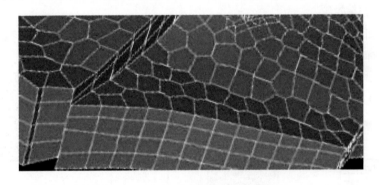

图 3.5.8　非结构网格的例子

3.5.8　面约束

与复杂网格将网格复杂化的方式一样,增加面的约束也可以增加大量网格的系数,这些系数通常不能体现在网格之间的流动中。图 3.5.9 是一个简单的例子,这个对分支的约束,可保证地下网格在空间上与很多网格相连。

目前大部分的模拟器中部包含这种网格中心约束。因为这种空间连通造成巨量的连通,而不能用牛顿迭代法。但新的数值模拟器可以处理这种非结构网格。

3.5.9　非正交性

在第 3.5.3 节中,描述了用流线来建立非连通。这个系统只适用于流动是沿流线的情况,其他情况不适用。这是因为,应用非正交系统将导致在常规五点微分方案中,网格之间并不连通。但对于流线,在这些方向上流动为零,忽略这些流动也没有问题。

对于合理确定流动模式的情况,这种处理是有用的,但要注意,油田措施并没有彻底地改变流线。

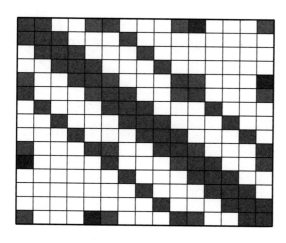 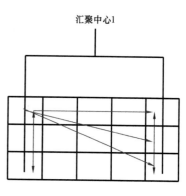

图 3.5.9   面约束导致的附加网格要素

虽然变形的坐标系统可以提高几何形状和断层表征的质量,但也会由于忽略了一些交叉项的传导率,而对微分方程引入一定程度的偏差。这也相当于增加了空间的阶段误差。

同样,对于局部加密网格,在细网格和粗网格之间的流动也会造成附加的阶段误差,误差量与加密的程度相关。

除了尝试不同的网格系统,没有先验的方法来评估引入误差的量。

关于模型的正交性,最后一点说明是,在坐标系的选择上,x 沿着构造倾向,y 沿着构造走向,z 垂直的情况,这并不是正交的,水平模型除外。网格引入的误差相对于其他近似,以及数据的可用性等因素,通常很小。

3.6   岩石物性

包含油气的孔隙介质是物理化学上复杂的物质,这些物质的属性随生产而发生改变。

黑油油藏模拟中,大部分的属性很简单,可以忽略,岩石性质是化学惰性的,与温度无关,可用孔隙度、渗透率、岩石压缩性和饱和度表征,饱和度会与相渗和毛细管压力相关。

这些数据通过不同的实验测得,包括岩心数据、试井解释数据、测井解释数据以及对比的方法。

3.6.1   岩心数据

最直接的是对岩心的测量,即便是这样,因为岩心需要带至地面,并应用一些实验过程来处理,因此其测量结果与地层情况具有差异。

岩心分析分为常规岩心分析和特殊岩心分析,常规岩心分析速度快,特殊岩心分析更耗时,主要是为了测量岩石物理解释所需的参数值,以及两相属性。

3.6.1.1   常规岩心数据

从数值模拟的角度看,最重要的是确定模拟涉及的分层体系。这取决于储层的垂向渗透率和水平渗透率,以及岩心的收获率,理想的常规岩心分析是进行等间距的取样。

3.6.1.1.1 孔隙度

油藏工程师关注的孔隙度是连通孔隙度。这可以通过测量氦气储罐放置岩心前后的重量差来快速获得。这样可以测量颗粒的体积,知道了柱塞的总体积后,连通的孔隙就能够计算得到了。

对孔隙度的补充测量还包括通过计算岩心样品中的流体量来获取。

3.6.1.1.2 渗透率

将洁净干燥的岩心置于一个套筒内,注气通过岩心。调整压差,测量气的流量,从而计算渗透率。低压条件下,气的流速取决于渗透率,如下:

$$q = \frac{KA}{2p_{base}L\mu}(p_1^2 - p_2^2) \tag{3.6.1}$$

式中　q——流量,m^3/s;

K——渗透率,m^2;

p_{base}——基准压力,Pa;

p_1——入口压力,Pa;

p_2——出口压力,Pa;

L——套筒的长度,m;

μ——黏度,$Pa \cdot s$。

气体的黏性流和液体不同,因为二者的边界层不同。Klinkenberg 提出了气体与液体测量渗透率的关系如下:

$$K_g = K_l\left(1.0 + \frac{c}{\bar{p}}\right) \tag{3.6.2}$$

式中　K_g——气测渗透率,m^2;

K_l——液测渗透率,m^2;

c——校正常数;

$\bar{p}$——平均压力,Pa。

可以通过气测渗透率与平均压力的倒数的交会图的截距得到液测渗透率的值。实验室通常会做必要的校正,或是直接应用液体来测试。这个影响通常在10%左右。

达西公式适用于黏性流,但如果流速过高,会产生附加的压力降,这是由于紊流会表现出视渗透率随流速的增加而下降。这意味着,如果渗透率超过15000mD,那么这个结果通常是不可用的,当然这种数值很少见。

3.6.1.2 地质网格粗化

模拟器应用的渗透率不是所有的有效渗透率,而是储层的平均渗透率。因此,横向传导率的计算包括净毛比,如果净毛比已经包含在了粗化的渗透率中,那么净毛比就会被乘两次,而不是一次。

从细模型向粗模型粗化有若干方法。对渗透率的粗化要注意保持其结果与模拟中应用渗透率和净毛比来计算传导率的方式的一致性。

3.6.1.3　特殊岩心分析

特殊岩心分析就是那些与压力行为相关,或是受两种非混相流体存在影响的岩心分析实验。

(1)压缩性。

在油藏条件下,岩石承受上覆压力和孔隙中流体压力。与此不同的是实验室为围压条件。随着孔隙压力下降,岩石颗粒膨胀,净围压增加,岩石体积减小。两种因素综合影响降低了孔隙度,这个影响包含在了有限差分方程中,通常表示为压缩系数为常数的塑性过程。

实验中,岩心样品受三轴负载,从而使其在水平方向没有形变,同时体积的变化表现为围压的函数。

测得的结果通过计算在原始油藏净围压条件下,孔隙度关于压力的导数值,再应用校正因子对单轴实验结果进行校正。

$$f_{corr} = \frac{1}{3}\left(\frac{1+\nu}{1-\nu}\right)c_{triaxial} \tag{3.6.3}$$

这里 ν 是岩石的泊松比,约为0.3。

得到的校正系数约为0.6。

孔隙度和渗透率的数值需考虑净围压的影响,因为这些输入模型的参数都应是在油藏条件下的数值。

如果模拟的油藏存在压实驱动,那么有效岩石压缩系数会在数量级水平上大于常规值 ($3 \times 10^{-6} \sim 7 \times 10^{-6}$ psi)。压实的影响是不可逆的,因此常规的弹性处理方法不足以应对,需要用特殊的办法处理该现象。

非弹性行为的影响如图3.6.1所示。

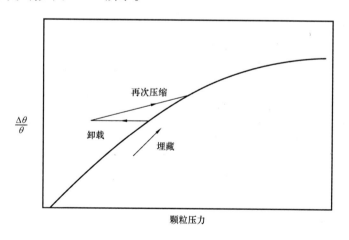

图3.6.1　岩石压缩性

(2)相对渗透率。

两种不混相的流体存在于同一孔隙空间中,会改变其流动特征,因此达西公式需要进行改写。如下:

$$u(S_\Psi) = \frac{AKK_r(S_\Psi)}{\mu_\Psi} \frac{\partial}{\partial x}(-p + p_\Psi gz) \tag{3.6.4}$$

这里的 Ψ 是指示相的符号,$K_r(S_\Psi)$ 是相渗,相渗是饱和度的函数,在该相为临界饱和度时为零,当该相完全饱和时为1。

进一步的实验表明,表达式(3.6.4)是一种简化形式,因为流体系统的行为表现为,增加润湿相饱和度的吸入过程与降低润湿相饱和度的驱替过程,曲线表现是不一样的。

实际应用中,相渗对应于水或气对油相的驱替过程。典型的油水和油气相渗曲线如图3.6.2和图3.6.3所示。

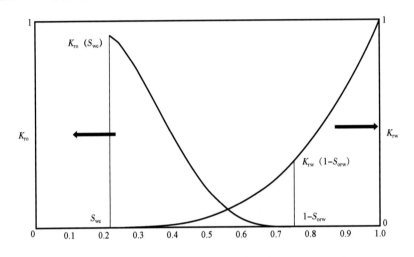

图3.6.2　油水相对渗透率

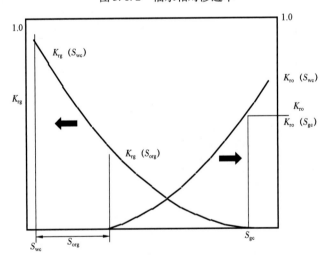

图3.6.3　气液相对渗透率

在水湿岩石中,水作为驱替相时,吸入的相渗在束缚水饱和度和残余油饱和度之间是动态变化的。

实验室通过稳态法或非稳态法测量该相渗,还会在实验室和油藏两种条件下测试。

标准的油水相渗测试采用实验室条件下的非稳态法驱替,流体为模拟的地层水和标准的20mPa·s的矿物油。

选择这个黏度可以快速实现原始束缚水饱和度,并且可以实现快速的注水突破,从而可以测量整条相渗曲线。

实验有时选用高黏油,是为了将在岩心入口端和表面的毛细管压力影响降到最小。

更加耗时的实验方式是应用稳态方法,按照油藏中对应的速度注入油和水来测量。为了消除毛细管端点的影响,还会使用长岩心进行实验。该实验还可能在油藏的温度、压力条件下进行,应用实际的原油和地层水。

因为不再有 Buckley—Leverett 驱替,相渗测试可以使用平衡的岩心饱和度来与相渗建立关系。

这个实验,除了会形成乳化液,还很耗时和昂贵。但从北海油田的情况看,该实验比标准的非稳态法测得的残余油饱和度更加能够代表油藏实际。

(3)毛细管压力。

两相之间的界面张力会产生毛细管压力。如果一种相在非润湿相环境中,润湿了理想的球形颗粒,那么两相之间的压差取决于润湿相形成的透镜状界面的半径,如图 3.6.4 所示。

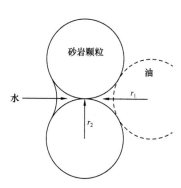

图 3.6.4　毛细管压力成因

在油水系统中,如果水是润湿相,那么:

$$p_c = p_o - p_w \tag{3.6.5}$$

式中　p_c——毛细管压力,Pa;

　　　p_o——油相压力,Pa;

　　　p_w——水相压力,Pa。

$$p_c = \sigma \left(\frac{1}{r_1} + \frac{1}{r_2} \right) \tag{3.6.6}$$

式中　σ——界面张力,N/m;

　　　r——润湿界面内切圆半径,m。

这里可以得出,毛细管压力表现为润湿相饱和度的函数。典型的毛细管压力曲线如图 3.6.5 所示。

实际上,润湿相的接触角取决于润湿相是前进还是后退(图 3.6.6)。这导致排驱和吸入过程的毛细管压力不同,排驱过程的毛细管压力更大。

这个现象被称为润湿滞后,既影响毛细管压力(图 3.6.7),也影响相渗(图 3.6.8)。

后面将会展示,毛细管压力是建立原始含油饱和度的决定性因素之一。

实际应用中,用于建立初始含水饱和度时,通常认为是油充注进储层的过程,因此采用排驱曲线。

因此,毛细管压力的变化范围对应从束缚水饱和度到 1 之间。

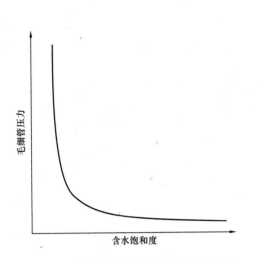

图 3.6.5　毛细管压力随含水饱和度变化趋势

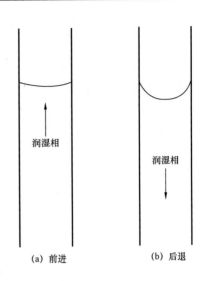

图 3.6.6　不同流动方向的接触角

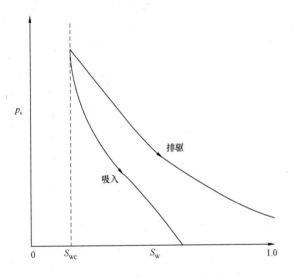

图 3.6.7　毛细管压力的滞后

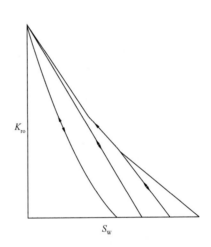

图 3.6.8　相对渗透率的滞后

　　实验室中,通过增加外部压力,同时测量对应的润湿相和非润湿相平衡饱和度,来测量毛细管压力。流体通常采用空气和卤水系统,这里空气是非润湿相,或者采用汞和空气系统,这时空气是润湿相。

　　在空气和卤水实验中,空气被注入岩心中,初始含水饱和度随压力增加而降低。在汞和空气实验中,汞被注入岩心柱塞,记录汞饱和度和进汞压力。

　　压汞实验更常用,因为实验速度快,但缺点是岩心将被永久伤害而不能再次使用。

3.6.2　测井数据

　　电测曲线可以测量油藏条件下的孔隙度和饱和度。这些可以用来估计孔隙度和含水饱和度,有时也可以用来估计渗透率。

对比密度和中子曲线是估计孔隙度的一种方法。密度测井的原理是通过电子的散射估计电子密度,而电子密度与物质的密度紧密相关。

中子测井的原理是运动效应,即入射体与靶体的质量越接近,靶体对入射体的影响越大。这意味着,中子测井对氢原子最敏感,因此对油气和水敏感。

综合这两个测井曲线,密度降低,中子增加,就指示了充满流体的孔隙性岩石,曲线的偏离量与孔隙度和流体饱和度相关。FDC – CNL 测井响应如图 3.6.9 所示。

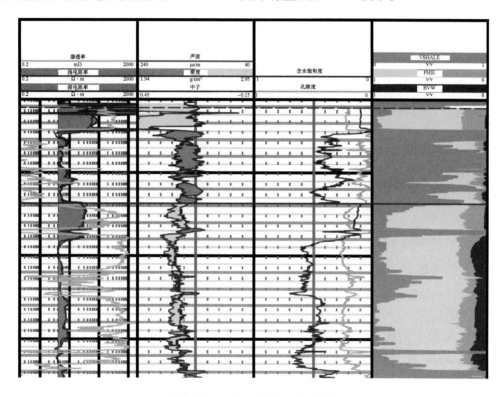

图 3.6.9　中子、密度和电阻率测井

流体饱和度可以通过电阻率测井估计,因为钻井液滤液,地层卤水和油气的电阻率不同。

测量远离井筒,不受钻井液滤液影响的深电阻率可以估计原始饱和度,浅电阻率可以估计残余油饱和度。电阻率测井响应如图 3.6.9 所示。

理论上,电缆地层测试可以通过取样腔室的压力恢复测试计算地层渗透率。在实际中,这些数据多用于确定最终压力值,而很少用于定量估计地层渗透率。

通常通过测井曲线计算渗透率的方法是采用岩心刻度曲线,如下:

$$K_{\log} = \alpha_{S_w V_{clay}} e^{\beta_{S_w V_{clay}} \phi} \tag{3.6.7}$$

式中　$K_{\log}$——测井计算渗透率,m^2;

　　　$\alpha_{S_w V_{clay}}$,$\beta_{S_w V_{clay}}$——相关系数;

　　　ϕ——孔隙度。

这里 $\alpha_{S_w V_{clay}}$ 和 $\beta_{S_w V_{clay}}$ 是通过曲线和岩心交会图确定的相关系数。一个例子如图 3.6.10 所示。

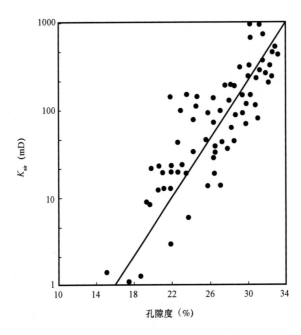

图 3.6.10   孔渗关系

3.6.3   测试数据

由岩心得到的渗透率通常有两个问题,一是岩心处理过程的影响,二是岩心相对油藏仅代表一个很小的尺度。

相对地,试井对油藏条件下探测半径范围内的渗透率很敏感,似乎可以克服上述困难。

在无限、均质、等厚储层中,一口井按恒定产量生产,井底压力与对数时间交会图应表现为直线特征,其斜率 m 与渗透率成反比。

$$m = \frac{162.6 q \mu B_o}{K h} \tag{3.6.8}$$

式中 m——井底压力与对数时间交会图的斜率;

　　　　q——流量,m^3/s;

　　　　μ——黏度,$Pa \cdot s$;

　　　　B_o——油的地层体积系数;

　　　　K——渗透率,m^2;

　　　　h——射孔厚度,m。

实际应用中,压力恢复比压力降落更常用,并且两种方法都受到续流、储层的横向变化、非射孔段的连通性,以及流体类型的变化影响。典型的压力恢复曲线如图 3.6.11 所示。

因此,综合分析试井数据与岩石物理数据是一项专业要求高,且非常重要的解释工作。没有考虑油藏和流体可能存在的变化会使解释工作发生严重的错误。

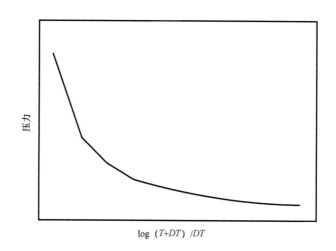

图 3.6.11　典型压力恢复曲线

3.7　模型相渗

在 3.6 节，已经讨论了相渗的测量。该实验耗时且昂贵，这就意味着有时模型需求的孔渗数据可能没有。同时，实验忽略了重力的影响，而这并不能代表油藏的实际情况。本节介绍相渗的处理，构建虚拟相渗表，以及对应的分层方案。

3.7.1　数据处理

用来建立相渗关系的实验结果中，忽略了重力和毛细管压力的影响。这种常规的用法暗含了模型网格中这类影响也非常小。

这意味着网格尺寸很小，层厚很小，通常在单井模型和剖面模型中可以实现。

在剖面模型和单井模型中，细化网格以应对这些情况，同时限制网格数量并不是太大的问题，用户可以自由地对垂向网格进行剖分，在剖面模型中，达到数百的垂向网格也很常见。

每一层都有各自的渗透率、净毛比和孔隙度。模型还需要一个相渗关系，但不太可能每一层都有各自的岩心实验样品。

推荐的技术是选择表现一致的样品，并将其绘制成标准化的相渗曲线。

标准化包括两个步骤：

（1）数据在含水饱和度范围内进行标准化；

（2）对相渗的端点值进行标准化。

对于油水的情况，先将含水饱和度转化为标准化变量：

$$S_w^* = \frac{S_w - S_{wc}}{1 - S_{wc} - S_{orw}} \tag{3.7.1}$$

式中　S_w^* ——归一化含水饱和度；

　　　S_w ——含水饱和度；

S_{wc}——束缚水饱和度;

S_{orw}——残余油饱和度。

再将端点值标准化,如下:

$$\overline{K}_{ro}(S_w^*) = \frac{K_{ro}(S_w^*)}{K_{ro}(S_{wc}^*)} \tag{3.7.2}$$

式中 $\overline{K}_{ro}$——归一化的油相相对渗透率,m^2;

K_{ro}——油相相对渗透率,m^2。

同时,

$$\overline{K}_{rw}(S_w^*) = \frac{K_{rw}(S_w^*)}{K_{rw}(1-S_{orw})} \tag{3.7.3}$$

式中 $\overline{K}_{rw}$——归一化的水相相对渗透率,m^2;

K_{rw}——水相相对渗透率,m^2。

油的相渗标准化结果如图 3.7.1 所示。

观察标准化相渗曲线的结果,可能存在一种或多种类型,也可能用平均曲线来代表一组曲线。

不同类型的曲线可能与不同的净毛比相关。

为了将曲线输入模型,针对不同层,需要指定其端点值。这些值可以通过绘制相渗端点值与孔渗等变量的交会图来得到。

通常,一组简单的对应关系就足以为模型提供一组复杂的相渗曲线了。比如:

$$S_{wc} = \alpha - \beta\phi \tag{3.7.4}$$

式中 S_{wc}——束缚水饱和度;

ϕ——孔隙度;

α,β——回归系数。

$$S_{orw} = \gamma \tag{3.7.5}$$

式中 S_{orw}——残余油饱和度;

γ——常数。

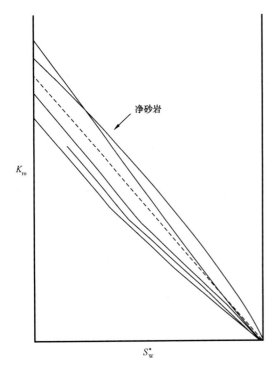

净砂岩

图 3.7.1 相对渗透率归一化

$$K_{ro}S_{wc} = \delta + \log(K) \tag{3.7.6}$$

式中 K_{ro}——束缚水饱和度对应的油相相对渗透率,m^2;

K——渗透率,m^2;

δ——常数。

$$K_{rw}(1 - S_{orw}) = \eta + \varepsilon\phi \tag{3.7.7}$$

式中　K_{rw}——残余油饱和度对应的水相相对渗透率，m^2；

η，ε——回归常数。

图 3.7.2 和图 3.7.3 分别是束缚水饱和度和残余油饱和度与渗透率交会图的例子。

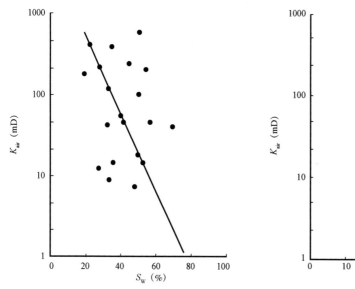

图 3.7.2　含水饱和度与渗透率的关系　　　　图 3.7.3　残余油饱和度与渗透率的关系

这些值可以用来计算每个层对应的未标准化的相渗曲线。

对于气液相渗也可以做相似的操作，从而获得对应的一组数据。这个表就代表了当含油饱和度发生变化时的油、气相的有效渗透率。

在油水、油气两个表中，要求油的相渗值要一致。

3.7.2　三相相渗

虽然用户输入了两套表格来分别描述两相流动，但在模型网格中可能同时存在三种相。因此模型需要校正，并计算油的相渗，最常用的是 Stone 的第二校正。

$$K_{ro} = K_{ro}(S_{wc})\left\{\left[\frac{K_{row}}{K_{row}(S_{wc})} + K_{rw}\right] \times \left[\frac{K_{rog}}{K_{ro}(S_{wc})} + K_{rg}\right] - K_{rw} - K_{rg}\right\} \tag{3.7.8}$$

式中　K_{ro}——油相相对渗透率，m^2；

S_{wc}——束缚水饱和度，m^2；

K_{row}——油水相对渗透率，m^2；

K_{rw}——水相相对渗透率，m^2；

K_{rog}——油气相对渗透率，m^2；

K_{rg}——气相相对渗透率，m^2。

这个校正的操作如图 3.7.4 所示。

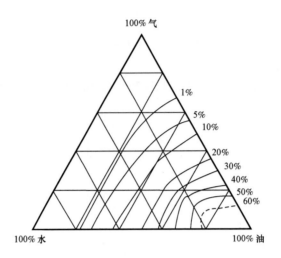

图 3.7.4 三相相对渗透率

如果三种相在模型中都达到了流动饱和度,那么需要注意的是,这个校正是为了得到油的相渗。对于大部分的应用程序,相的重力分异会导致外推进入三相区,三相区靠近一个轴,因此校正结果对校正形式并不敏感。这与热模拟不同,热模拟中三种相都非常接近。

3.7.3 垂向平衡

如果网格在 x 方向上的变化为 Δx,在 z 方向上的变化是 Δz,如图 3.7.5 所示,那么流体质点通过网格的时间就是:

$$\tau_x = \frac{\Delta x}{v_x} \tag{3.7.9}$$

式中 τ_x——流体质点横向通过网格的时间,s;

Δx——网格在 x 方向上的步长,m;

v_x——流体质点在 x 方向上的速度,m/s。

并且,

$$\tau_z = \frac{\Delta z}{v_z} \tag{3.7.10}$$

式中 τ_z——流体质点纵向通过网格的时间,s;

Δz——网格在 z 方向上的步长,m;

v_z——流体质点在 z 方向上的速度,m/s。

横向流动受黏滞力影响,垂向流动受重力影响,因此:

$$\tau_x \infty \frac{\Delta x}{K_x \frac{\mathrm{d}p}{\mathrm{d}x}} \tag{3.7.11}$$

式中 K_x——x 方向上的渗透率,m^2;

p——压力,Pa;

$\dfrac{\mathrm{d}p}{\mathrm{d}x}$——$x$ 方向上的压力梯度,Pa/m。

同时,

$$\tau_z \propto \frac{\Delta z}{K_z g \delta \rho} \qquad (3.7.12)$$

式中　K_z——z 方向上的渗透率,m^2;

　　　g——重力加速度,$\mathrm{m/s}^2$;

　　　$\delta \rho$——密度变化,$\mathrm{kg/m}^3$。

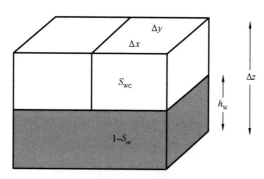

图 3.7.5　网格内垂向平衡示意图

如果 τ_x 远大于 τ_z,那么可以认为,在网格中,重力平衡被快速、有效地建立起来了。

在油水系统中,对应现场单位制,就对应于:

$$\frac{\Delta x}{\Delta z} > 10 \frac{\mathrm{d}p/\mathrm{d}x}{a} \qquad (3.7.13)$$

式中　a——各项异性比,K_v/K_h。

如果发生了分异,那么可以计算油水平面运动的有效渗透率。定义 y 方向上的传导率为:

$$T_y = \frac{\Delta x \Delta z}{\Delta y} K \qquad (3.7.14)$$

式中　T_y——传导率,m^3;

　　　$\Delta x, \Delta y, \Delta z$——网格在 x, y, z 方向上的步长,m;

　　　K——渗透率,m^2。

那么对于水相有:

$$T_{yw} = T_y \overline{K}_{rw}(S_w) = \frac{\Delta x Z_w}{\Delta y} K K_{rw}(1 - S_{orw}) \qquad (3.7.15)$$

式中　T_{yw}——水相在 y 方向上的传导率,m^3;

　　　$\overline{K}_{rw}$——归一化水相相对渗透率,m^2;

　　　S_w——含水饱和度;

　　　Z_w——束缚水所占的网格厚度,m;

K_{rw}——水相相对渗透率,m^2;

S_{orw}——残余油饱和度。

对于油相有:

$$T_{yo} = T_y \overline{K}_{ro}(S_w) = \frac{\Delta x(\Delta z - z_w)}{\Delta y} K K_{ro}(S_{wc}) \tag{3.7.16}$$

式中　T_{yo}——油相在 y 方向上的传导率,m^3;

$\overline{K}_{ro}$——归一化油相相对渗透率,m^2;

K_{ro}——油相相对渗透率,m^2;

S_{wc}——束缚水饱和度。

含水饱和度为:

$$S_w = S_{wc} + \frac{\Delta z_w}{\Delta z}(1 - S_{wc} - S_{orw}) \tag{3.7.17}$$

或者

$$\frac{\Delta z_w}{\Delta z} = \frac{(S_w - S_{wc})}{(1 - S_{wc} - S_{orw})} \tag{3.7.18}$$

代入就可以得到作为含水饱和度函数的有效的油水相渗:

$$\overline{K}_{rw}(S_w) = \frac{S_w - S_{wc}}{1 - S_{wc} - S_{orw}} K_{rw}(1 - S_{orw}) \tag{3.7.19}$$

$$\overline{K}_{ro}(S_w) = \frac{1 - S_w - S_{orw}}{1 - S_{wc} - S_{orw}} K_{ro}(S_{wc}) \tag{3.7.20}$$

式(3.7.19)和式(3.7.20)得到的是直线型的相渗关系,如图3.7.6所示,且与重力分异相关。相渗曲线的形状与中间过程的饱和度没有关系,因为按照假设,这些饱和过程从未发生过。

因此可以发现,对网格中流体的空间分布作了某些假设后,计算的相渗与实测的相渗是不同的。

相反地,如果将修正的相渗函数输入模型中,那么就会将对应的流体的空间展布形式代入模型之中了。

3.7.4　拟相渗

前面的章节中介绍了如何对一系列作用进行简化,从而得到有效的相渗函数的解析表达式。

另一种处理方法是拟相渗函数,这种方法是将驱替过程看作是若干个层的活塞驱。假设存在 n 个这样的流动层,那么,当第 j 层流动时,其相渗和平均饱和度分别为:

$$\overline{K}_{rw}(\overline{S}_w) = \frac{\sum_{i=1}^{j} K^i h^i K_{rw}^i(1 - S_{orw}^i)}{\sum_{i=1}^{j} K^i h^i} \tag{3.7.21}$$

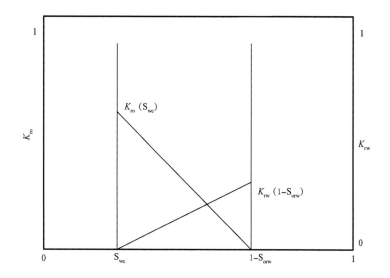

图 3.7.6 垂向平衡的相对渗透率

$$\overline{K}_{ro}(\overline{S}_{w}) = \frac{\sum\limits_{i=j+1}^{n} K^{i}h^{i}K^{i}_{ro}(S^{i}_{wc})}{\sum\limits_{i=1}^{j} K^{i}h^{i}} \tag{3.7.22}$$

这里

$$\overline{S}_{w} = \frac{\sum\limits_{i=1}^{j} \phi^{i}h^{i}(1-S^{i}_{orw}) + \sum\limits_{i=j+1}^{n} \phi^{i}h^{i}S^{i}_{wc}}{\sum\limits_{i=1}^{n} \phi^{i}h^{i}} \tag{3.7.23}$$

式中　$\overline{S}_{w}$——归一化含水饱和度；

h——厚度，m。

如果假设流动是从高渗透向低渗透流动，那么就会得到拟相渗的 Stile 公式。相对地，如果假设流动从低渗透向高渗透流动，那么，就可以得到 Deitz 拟相渗曲线。

如果不能进行这样的简单近似，那么可以使用精细的剖面模型来将这些层分组，并通过一些拟函数的组合来表征其中的关系。

一个简单的在剖面模型上计算拟相渗的方法是，以传导率为权重计算相渗曲线，如图 3.7.7 所示。

对于垂向网格，有如下关系：

$$\overline{K}_{ro}(\overline{S}_{sw}) = \frac{\sum\limits_{i=1}^{n} T^{i}_{x}K^{i}_{ro}}{\sum\limits_{i=1}^{n} T^{i}_{x}} \tag{3.7.24}$$

式中 K_{ro}——油相相对渗透率,m^2;

　　　S_{sw}——网格含水饱和度;

　　　T_x——x 方向上的传导率,m^3。

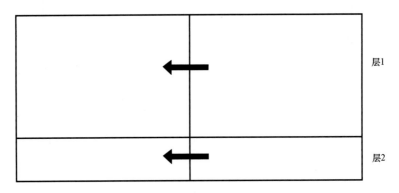

图 3.7.7 拟相对渗透率计算

　　式(3.7.24)的推导需假设每层网格的压力梯度相同,这可能并不符合实际情况。其他的拟相渗方程中实际上也做了类似的假设。因此,所有的拟相渗函数都是近似的,需要对细网格进行建模来检查拟相渗曲线是否合理。如果模型的误差可接受,那么就可以在粗化网格中使用拟相渗函数了。

　　拟相渗函数反映了流体的空间变化,是在指定的重力和黏度比例条件下生成的。如果要将其用于全油藏模型,那么剖面模型的产量应与油田的产量具有一致性。

　　相反,如果生产制度发生了较大的变化,那么就意味着这个通过局部模型得到的函数也会发生较大的变化,需要检查得到的拟相渗函数在新的生产速度下是否合理。如果不合理,那就要生成新的拟相渗函数。

　　生产速度对流体界面的影响如图 3.7.8 所示。

　　上面提到的对拟相渗函数的定义是针对垂向上的粗化,但实际应用中会涉及平面上的粗化(图 3.7.9)

　　计算平均饱和度很容易,但对相渗的选择却存在不同的方案。

　　因为传导率是基于网格之间的界面计算的,因此对合理的相渗的选择也应基于面与面相邻的网格。

　　这就得到了图 3.7.10 所示的相渗函数,这种相渗函数阻滞了驱替相的流动,直到驱替方向上的最后一个网格中,驱替相达到了可动饱和度,整个网格才开始流动。

　　这个过程还可以拓展到 Buckley—Leverett 驱替过程,即驱替过程会被阻滞,直到所有网格都达到驱替相的前缘饱和度。该过程的结果是使相渗曲线呈现图 3.7.11 所示形态。

　　这会导致相渗曲线被削截,从而驱替前缘流度的变化非常陡峭。这种函数会导致全隐式模型中的牛顿迭代过程出现的严重问题,实际应用中应减小这种变化。

　　这种方法可以减小数值不收敛的影响,但也会在处理流动反转时出现问题,因为流体的流出面已经被固定了。

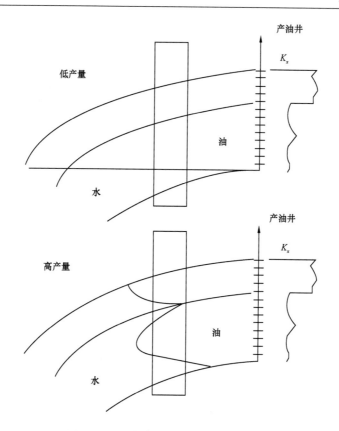

图 3.7.8 流体界面与产量的关系示意图

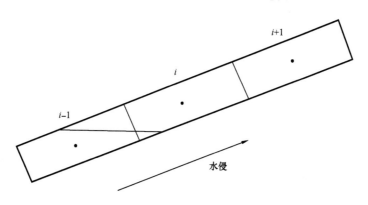

图 3.7.9 纵向水侵示意图

3.7.5 井点处的拟相渗曲线

就像油藏中的流体流动性是饱和度的函数一样,井点处的相渗函数也与平均饱和度相关。远离井点的油藏中,流体的流动行为与井点处不同,其不必描述流体相的迭代过程。

举个简单的例子,一个网格中,油水垂向上处于平衡状态,钻井只射开了网格的一小部分。当油水界面到达射孔段底部时,才开始产水,当油水界面到达射孔段顶部时,只有油井完全产水。因此,相对于精细网格中的逐个网格计算,相渗函数的线性行为会将网格的饱和度降低。

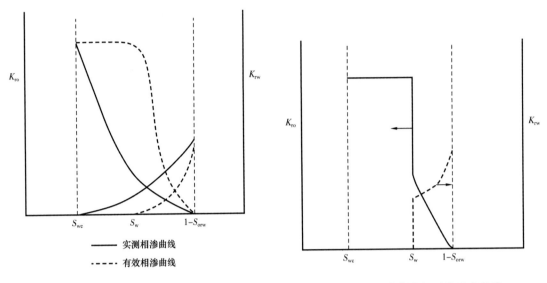

<table>
<tr><td>图 3.7.10 水平方向上的集成</td><td>图 3.7.11 截断的相对渗透率曲线</td></tr>
</table>

也就是说,应用拟相渗曲线可以近似描述锥进和舌进的影响,但不足以反映精细网格的空间分辨率。

3.7.6 总结

由于在微观尺度流体的流度受饱和度控制,因此使用相对渗透率的概念。

通过这个函数的使用,将微观上储层属性和流体分布的综合影响体现到宏观的模型中。

流体的空间展布,以及水平渗透率的垂向分布对模型的影响需要在粗化技术中进行考虑,使粗化的网格能够体现不同网格之间的差异。

对网格的组合要保证粗化算法足以能够反应高分辨模型中的特征。

3.8 模型毛细管压力

毛细管压力是不混相流体之间的压力差,是润湿相流体饱和度的函数。

对于水湿岩石,存在非零的毛细管压力意味着在流体界面之上存在一定量的水。并且毛细管压力与油相压力相等。含水饱和度的量取决于毛细管压力与重力的平衡。

毛细管压力与浮力平衡,浮力来自两相的密度差和自由水界面之上的高度。对于流体密度差为常数的情况,接触面以上任意高度处的饱和度都是毛细管压力的函数。

这会在油藏中产生过渡带。

对油藏模型进行初始化的技术如图 3.8.1 所示。通过计算油水界面以上某一高度处密度差引起的重力,得到对应的毛细管压力数值,再通过输入的毛细管压力进行插值,得到每个网格的饱和度。

对于油水界面切过的网格,会产生误差,如果网格中心低于界面,那么整个网格就按照充满水处理。

对于网格较厚的模型,模型边缘处饱和度误差较大。

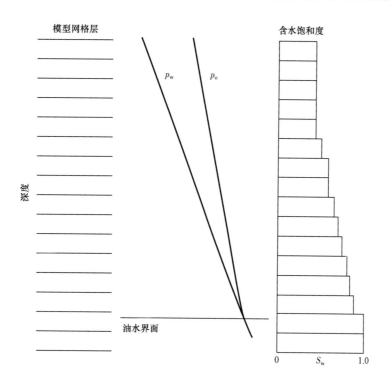

图 3.8.1　模型初始化

为了克服这个问题,有些模型会更加精细地进行初始化,会将网格在垂向上按照某些参数细分。每个细分的网格再作为计算节点来设置饱和度,网格的平均饱和度与实际的流体分布情况更加一致。这被称为切片解释技术。

这会导致初始化过程中的不平衡,因为网格之间流动势的计算方法是不同的,而是简单地应用网格中心来计算重力项,并用平均饱和度计算毛细管压力。

对于任何非零的和非直线的毛细管压力函数,想更精确进行初始化,会导致流体在初始条件下的流动。

这个量级相对于生产来说通常很小,但在特殊情况下,如较厚的网格和较高的毛细管压力时,建议在开始生产之前对流体的运动进行一定时间步的检查。

3.8.1　毛细管压力数据处理

与需要对每个网格指定相渗曲线一样,毛细管压力数据也有标准化,以找到平均的代表曲线。

应用技术有一点不同,Leverett 认为,毛细管压力是界面张力和孔隙结构的函数。他应用平均孔隙半径与毛细管压力的关系:

$$\bar{r} \propto \sqrt{\left(\frac{\phi}{K}\right)} \qquad (3.8.1)$$

式中　$\bar{r}$——平均孔隙半径,m;

ϕ——孔隙度;

K——渗透率,m^2。

毛细管压力为:

$$p_c(S_w) = J(S_w)\sigma\sqrt{\left(\frac{\phi}{K}\right)} \tag{3.8.2}$$

式中 p_c——毛细管压力,Pa;

S_w——含水饱和度;

J——J 函数;

σ——界面张力,N/m。

J 函数与特殊的岩石类型相关,不同的岩石类型具有不同的孔渗特征,同一岩石类型的岩心样品与模型网格之间有对应的 $\sqrt{\phi/K}$ 关系。

J 函数需要在整个含水饱和度范围内进行归一化。

$$S_w^* = \frac{S_w - S_{wc}}{1 - S_{wc}} \tag{3.8.3}$$

式中 S_{wc}——束缚水饱和度。

图 3.8.2 是一个例子。

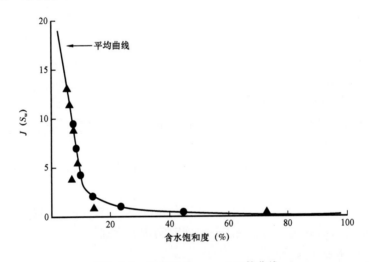

图 3.8.2 典型的 Leverett J 函数曲线

需要注意的是,相渗的归一化与毛细管压力的归一化,其含水饱和度的范围是不同的,这是由于润湿相的运动方向不同而引起的。毛细管压力的处理是排驱过程,而相渗的处理是吸入过程。

对于模型中的所有网格,已知孔隙度 ϕ^i 和渗透率 K^i,就可以通过 J 函数计算毛细管压力。

$$p_c^i(S_w) = J^*\left(\frac{S_w - S_{wc}^i}{1 - S_{wc}^i}\right)\sigma_{res}\sqrt{\left(\frac{\phi^i}{K^i}\right)} \tag{3.8.4}$$

式中 J^*——归一化 J 函数;

σ_{res}——储层界面张力，N/m。

用这种方式获得毛细管压力函数后，可用于与非归一化的相渗曲线一起，更加一致地确定模型网格中的饱和度。

3.8.2　垂向平衡

与确定垂向平衡相渗一样，可以推导一个网格的毛细管压力，网格中初始饱和油，之后油水界面在网格中提升。

由于不同相压力的差异是由有限差分的节点处得到，那么如果没有油水界面，当油水界面上升到网格底部、中部或底部时，可以得到三个毛细管压力：

$$p_{cb} = -\frac{1}{2}\Delta\rho g\Delta z \tag{3.8.5}$$

$$p_{cm} = 0 \tag{3.8.6}$$

$$p_{ct} = \frac{1}{2}\Delta\rho g\Delta z \tag{3.8.7}$$

式中　p_{cb}——油水界面处于网格底部时的网格毛细管压力，Pa；

p_{cm}——油水界面处于网格中部时的网格毛细管压力，Pa；

p_{ct}——油水界面处于网格顶部时的网格毛细管压力，Pa。

毛细管压力函数的结果如图3.8.3所示，与对应的相渗一样，这个毛细管压力与饱和度的关系是直线型的。

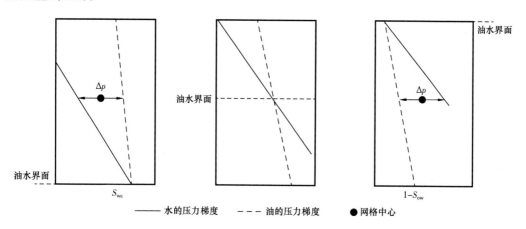

图 3.8.3　毛细管压力的垂向平衡

为了得到这个关系，假设过渡带的厚度与网格厚度相比可以忽略。如果不是这样，那可以通过综合含水饱和度与油水界面的位置计算拟毛细管压力函数。

当界面移动时，网格中心的相压力的变化和平均含水饱和度都可以计算，从而得到拟毛细管压力函数。因为每个网格的毛细管压力函数都可能不同，虽然能够得到正确的油的储量，并在初始化过程中是平衡的，但是这个方法还是很少用到，并已经被切片解释技术所取代了。

3.8.3　总结

毛细管压力的概念与相渗导致了孔隙中非混相流体的微观影响。当使用有限差分模型时,毛细管压力和相渗一同描述了网格中流体的空间分布特征。

应用这些函数不同的输入方式,会使模型中出现扩散流、分离流,某种程度上更接近油藏的实际情况。在很大程度上,这些假设和函数会决定模型的结果。

3.9　流体性质和实验

油气藏中包含着烃和非烃组分的混合物,油藏的温度压力条件也与实验中的条件不同。油气产出到地面,经过分离器的处理后,物理化学性质也变得稳定,变为无毒性的产品。流体行为对销售领域的定量和定性都有影响,因此了解流体行为就变得很重要,从而需要大量的数据和理论模型来描述它们的属性。

3.9.1　单组分属性

在描述混合物属性之前,有必要了解流体系统中单一组分的性质,这里以水为例。

众所周知,水的沸点是压力的函数,在温度—压力图版上有一个有限的区域,在区域之外,流体相态不发生变化。

这条线被称为泡点线,上限被称为临界点。在这一点上,液相和气相的性质相同。

跨越泡点线从液相区进入气相区有很多方式。两种简单的方式是:确定压力,增加温度;或者确定温度,降低压力。

从一种相向另一种相的转化不是瞬时的,因为只有当所有液体都气化以后,升温和降压过程才能持续。

在泡点线上,虽然温度和压力有时是不变的,但流体体积可能会发生很大变化。

3.9.2　混合物属性

如果扩展这个系统到两个组分,并且其中一个组分更具挥发性,那么在温压图版上,液体蒸发平衡的区域就会从泡点线扩展到两相区。图3.9.1是乙烷和正己烷两组分系统的图版。

这个两相区也是被温度和压力所包围的,但与单组分不同,单组分温度和压力的界限是临界点,混合物的边界与临界点不一致。

如图3.9.1所示,两组分混合物的行为不是属性简单的线性插值,混合物的临界压力比任一组分的临界压力都大得多。

当从液相区进入气相区时,如果是等温变化,那么液体的饱和度和液体中蒸发组分的比例都减少。可以在两相区绘制等液量饱和度线或等组分线,从而给出相平衡变化的定量表示。

3.9.3　油气类型

压力—温度(p – T)相图可用来指示不同的油气类型。油气的行为不只与混合物的组分相关,还与温度—压力相关,如图3.9.2所示。

比如,处于一定的温度压力条件下的一个挥发油混合物,当降低温度和压力时,可能会变成油气混合系统,当升高温度和压力时,可能会变为凝析气。

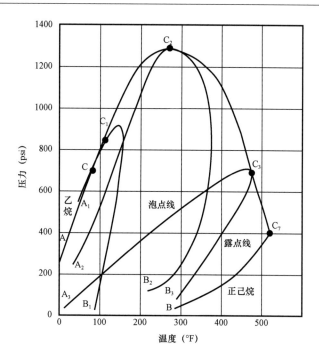

图 3.9.1　乙烷、正己烷混合物的压力—温度相图

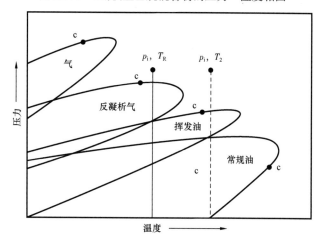

图 3.9.2　不同流体的温压特征

　　通常可以按照气油比对油气进行分类,这与其 $p - T$ 相图上的行为相关,而温度和压力都随着深度的增加而增加。

黑油:$GOR < 1000ft^3/bbl$。

高收缩油:$GOR < 3000ft^3/bbl$。

挥发油:$GOR < 5000ft^3/bbl$。

凝析油:$GOR < 30000ft^3/bbl$。

湿气:$GOR < 100000ft^3/bbl$。

干气:$GOR > 100000ft^3/bbl$。

对应的 $p-T$ 图版示意图如图 3.9.3 所示。

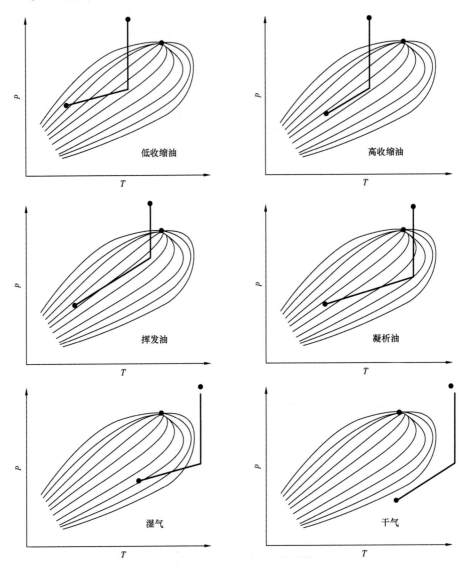

图 3.9.3　流体类型

3.9.4　定义

在讨论式样方法之前,需要对一些重要的术语进行定义。

饱和压力:在这个压力下,当等温膨胀或压缩时,气体系统与极少的液体相平衡,或是液体系统与极少的气体相平衡。

泡点压力:在指定温度下,当液体与极少气体相平衡时的饱和压力。

露点压力:在指定温度下,当气体与极少液体相平衡时的饱和压力。

油的地层体积系数:指地层高温高压条件下的体积比标准条件下的体积,标准条件下的体积通过生产到地面的油气经过分离器后得到。

气的地层体积系数:指地层条件下气的体积比标准条件下相同质量气的体积。

气的偏差因子:是用来校正理想气体方程的系数,考虑了气体分子的有限体积和分子的相互作用,在给定温度下,该因子与压力、体积相关。

$$pV = znRT \tag{3.9.1}$$

式中　p——压力,Pa;

V——体积,m^3;

z——气体偏差因子;

n——物质的量,mol;

R——气体常数,取 8.31J/(mol·K);

T——温度,K。

气体偏差因子与气体地层体积系数有如下关系:

$$B_g = \left(\frac{p_s T}{p T_s}\right) z \tag{3.9.2}$$

式中　B_g——气体地层体积系数;

p_s——标准状况下的压力,Pa;

T_s——标准状况下的温度,K。

溶解气油比:指定温度和压力条件下,溶解在油中的气量。

油的相对密度:指油的密度比水的密度。该参数在 API 度公式中有相关应用。

$$\gamma_{API} = \left(\frac{141.5\rho_{water}}{\rho_{oil}}\right) - 131.5 \tag{3.9.3}$$

式中　γ_{API}——API 度;

ρ——密度,kg/m^3。

气的相对密度:指气的密度比标准状况下空气的密度。在低压条件下,气的偏差因子和相对密度皆近似为定值。

$$\gamma_g = \frac{M_g}{M_{air}} \tag{3.9.4}$$

式中　γ_g——气体的相对密度;

M_g——气的分子质量;

M_{air}——空气的分子质量。

热扩散系数:该参数反应气体的膨胀,是温度的函数。

$$c_{temp} = \frac{1}{V}\frac{dV}{dT} \tag{3.9.5}$$

式中　c_{temp}——热扩散系数,K^{-1};

V——体积,m^3;

T——温度,K。

等温压缩系数:该系数表示单位压差下的体积相对变化。

$$c_{oil} = -\frac{1}{V}\frac{dV}{dp} \tag{3.9.6}$$

式中 c_{oil}——等温压缩系数,Pa^{-1};

  V——体积,m^3;

  p——压力,Pa。

后面的实验就是为了确定这些参数值,从而提供相对合理、准确的油气系统的行为。

3.9.5 实验

对于黑油系统,实验要提供评价地层条件下与压力相关的流体属性,这些属性是全隐式数值模型所必需的。

3.9.5.1 恒质膨胀

实验序列的原理如图3.9.4所示,首先在油藏温度和压力条件下配制样品。在这个过程中,测量热膨胀系数。在油藏压力之上,测量原始原油体积,然后退汞降压。最后测量油的体积和泡点压力。

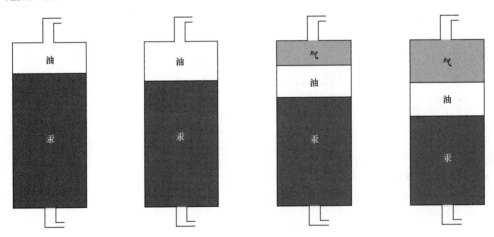

图 3.9.4 常数组分膨胀

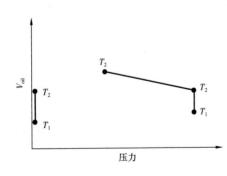

图 3.9.5 常数组分膨胀结果

压力持续下降,在界面上持续脱气。某些实验中,通过循环压降测量油的体积。将压力下降到标准压力,温度下降至标准温度。记录总的脱气量、气的相对密度,以及油的体积。实验中的记录如图3.9.5所示。

3.9.5.2 微分分离

在微分分离实验中,初始部分与常数组分分离一样。记录饱和压力之上的热膨胀系数和流体压缩系数。

在饱和压力之下,将压力降至大气压的过程中,降压过程分为 10 个等间距的阶段。每个阶段,都允许油气系统达到平衡,再将气体排出容器。这期间测量油、气体积,以及气的密度,如图 3.9.6 所示。

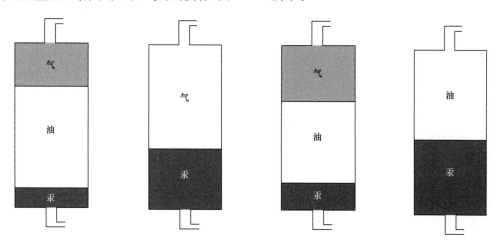

图 3.9.6　微分分离

在每个压力阶段重复这个过程,从而在每个压力记录点都计算累计的产出气,以及产出气的密度。该实验测量了泡点压力下,随压力降低的油、气的体积,如图 3.9.7 所示。

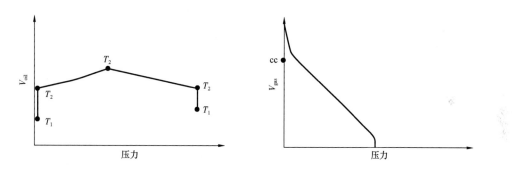

图 3.9.7　微分分离结果

在第 3.9.2 节中,可以看到两相系统的行为并不是简单的各组分属性的线性特征。通过微分分离实验,在每个压力步都生成了一个新的混合物,这 10 个压力下降步的综合影响与常数组分膨胀的结果并不相同。

事实上,微分分离释放的气体量通常会大于常数组分膨胀释放的气体量。

3.9.5.3　定容衰竭

定容衰竭实验的初始部分和常数组分分离与微分分离一样。

在泡点压力以下,压力下降方式与微分分离一样,唯一的区别是直到达到初始容器体积时,气体才被排除。

因此,到达后一个压力降低步时,容器中有油,并残余一部分上一步的气体,这个过程改变了油气平衡的组分。

该实验记录的测量值与微分分离一样,但析出的气量通常比微分分离小。

3.9.5.4 分离器测试

为了进一步了解流体在油藏中和销售环节的差异,油藏模拟还要模拟分离器过程。

压降包括两种情况,两个逐步压降和一个一次降至标准状况。逐步压降过程中,温度也会下降,因此析出气的体积也最小。

这些测试通常会在一系列分离器条件下进行,从而估计能够保留的最优的油量。

3.10 模型流体性质

需要对实验室得到的数据进行抽提,从而得到工程计算所需的信息。数据的需求取决于计算方程,后面,会讨论黑油模型模拟所需的数据格式和储存过程。

3.10.1 黑油流体属性

在讨论黑油模型的假设,以及其在有限差分模型中的表征方法之前,需要定义一些黑油或更复杂模型中常用的术语。

组分:油气是由一些化学物质组成的混合物,是包含一定碳数范围,具有统计意义的混合物。组分就是油气混合物中的一部分组成部分。

相:相对应于混合物中的一组组分,这组组分在一定的温度、压力条件下,具有固定的组成,以及可测量的性质。比如在饱和油藏中,气顶就是一种相。

相的摩尔比例:相的摩尔比例就是各个组分摩尔数相对于总组分摩尔数的比例。按照惯例,气体的摩尔比例表示为 x_i,气体的摩尔比例表示为 y_i。

相平衡:这是一种动态平衡,就是在稳定温度和压力条件下,每种相的组成不随时间变化,即 x 和 y 是常数。

在平衡条件下,对不同的组分,都满足 x 和 y 的如下关系:

$$y_i = K_i x_i \tag{3.10.1}$$

这里,

$$K_i = K(T, p, x_i, x_j, \cdots) \tag{3.10.2}$$

式中 *K*——平衡系数。

液体蒸发平衡的计算在数学上很困难,并且模拟中会耗费大量的计算时间。

黑油:黑油模型中,假设油气系统可以用两种组分来表示,每种组分具有固定的摩尔质量分布。这个分布由分离器决定,两种组分分别代表分离器中的油和气。

在固定的油藏温度下,两种组分的平衡系数假设为只是压力的函数。

进一步地,假设所有的油藏过程都是等温变化的,温度对生产的影响被归入地层体积系数,这个体积系数与地下和地面的体积相关。

通常还假设原油在地面不具有蒸发性,在油藏条件下,油也不会进入蒸发相中。

这意味着,气相的摩尔比例是固定的,油藏和地面的气具有完全相同的组成。

结合平衡系数的假设:

$$y_{gas} = K(p) x_{gas} \tag{3.10.3}$$

可以看到,地面原油中,液相的摩尔比例与溶解气的摩尔比例都由唯一的平衡系数确定。这意味着,在 $K(p)$ 压力条件下,对给定组分的混合物,蒸发平衡在计算中无须迭代。水相假设为不会溶于油气相中,且不影响油的性质。

那么,黑油模型所需的数据包括:

(1)油的地层体积系数与压力的关系;

(2)溶解气油比与压力的关系;

(3)油的黏度与压力的关系;

(4)地面原油相对密度;

(5)气的地层体积系数与压力的关系;

(6)气的黏度与压力的关系;

(7)气的相对密度;

(8)原始水的地层体积系数;

(9)水的压缩性。

3.10.2　数据处理

如果模拟中需要输入两相区,那么溶解气油比和压力的关系需要输入模型。

得到这个数据需要进行不同的分离实验,但仍然会造成总溶解气量的过分估计。

一种方法是用这些标定的数据来给出正确的总气油比,同时,假设在泡点和地面条件之间的曲线形式与测试结果有同样的缩放形式。

简单的线性缩放因子定义如下:

$$R_s^*(p) = \left[\frac{R_s^f(p_b)}{B_{ob}^f} - \frac{R_s^d(p_b) - R_s^d(p)}{B_{ob}^d} \right] B_{ob}^f \qquad (3.10.4)$$

式中　R_s——溶解气油比;

　　　R_s^f——闪蒸分离实验测得的溶解气油比;

　　　R_s^d——微分分离实验测得的溶解气油比;

　　　B_{ob}^f——闪蒸分离实验测得的泡点条件对应的原油地层体积系数;

　　　B_{ob}^d——微分分离实验测得的泡点条件对应的原油地层体积系数。

为了保持一致性,公式中用 R_s 表示对应压力下的溶解气。实验室计量的数值 R_s 是从油中释放的气的量。对于不同的分离方式,有如下对应关系:

$$R_s^*(p) = R_s^d(p_b) - R_s^d(p) \qquad (3.10.5)$$

地层体积系数也要标定,从而泡点与闪蒸分离实验结果的对应关系如下:

$$B_o(p) = B_o^d(p) - \frac{B_{ob}^f}{B_{ob}^d} \qquad (3.10.6)$$

式中　B_o——原油的地层体积系数;

　　　B_o^d——微分分离实验测得的原油地层体积系数。

这里,校正值选用闪蒸分离实验结果。如果有分离器实验,那么可以选用那些与油藏条件接近的结果。

做完标定之后,可以矫正数据表,图3.10.1至图3.10.3是典型的油的性质的表现特征。

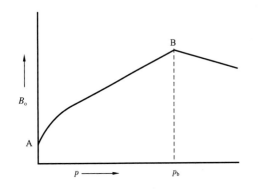

图3.10.1 地层体积系数

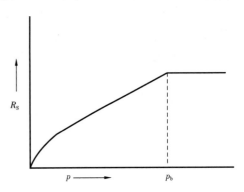

图3.10.2 溶解气油比

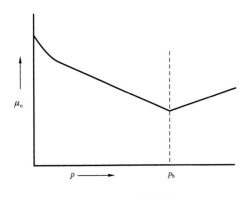

图3.10.3 油的黏度

这些还不是模拟模型所需的格式。因为模型中需要随时间变化的泡点压力。

比如一个油藏,初始条件下各处性质相同,压力下降至泡点压力以下,之后又上升。因为油气不同的流动和密度在降压过程中会发生分离现象。

当压力升高时,压力决定了模型的重新平衡,这会使气相进入液相中,从而导致饱和压力升高。当气体完全融入液体中时,或是液体达到饱和时,这个过程结束。

对于模型底部的网格,由于没有足够的气体,将发生第一种情况,模型将在饱和压力以下计算,对应的就是泡点压力低于原始压力。

如果压力继续上升,富含气的网格会达到饱和压力,并进入非饱和区,模型要在泡点压力高于原始压力情况下,先计算饱和的量,再计算未饱和的量。

那么,模型计算原油性质时,不只单独沿着修正的微分分离数据线,而是所有泡点压力值和油藏压力值。

因此,需要输入饱和的溶解气油比和地层压力系数,以及上面所述的最大压力。

未饱和区的地层体积系数可通过油的压缩系数或者若干组未饱和数据插值得到。

未饱和黏度的处理也同样要引入黏度压缩因子。油的压缩性和黏度压缩性通常为常数。

未饱和区的压力为p,可以定义压缩系数为:

$$c_o = \frac{1}{B_{ob}} \frac{B_{ob} - B_o(p)}{p - p_b} \tag{3.10.7}$$

式中 c_o——原油的压缩系数,Pa^{-1};

B_{ob}——泡点压力条件对应的原油地层体积系数;

B_o——原油地层体积系数；

p——地层压力，Pa；

p_b——泡点压力，Pa。

$$c_{\mu o} = \frac{1}{\mu_{ob}} \frac{\mu_o(p) - \mu_{ob}}{p - p_b} \qquad (3.10.8)$$

式中　$c_{\mu o}$——原油的黏度压缩系数，$(Pa \cdot s)^{-1}$；

μ_{ob}——泡点压力条件下的原油黏度，$Pa \cdot s$；

μ_o——原油黏度，$Pa \cdot s$。

对于所有新的泡点压力数据 p^*，可以写成：

$$B_o(p) = B_o(p^*)[1 - c_o(p - p^*)] \qquad (3.10.9)$$

$$\mu_o(p) = \mu_o(p^*)[1 - c_{\mu o}(p - p^*)] \qquad (3.10.10)$$

这样处理可以使模拟中的泡点压力为变量。

3.10.3　空间变量

黑油模型的假设似乎非常严格。还有一些办法来模拟流体属性的空间变化，但两组分的方案和平衡法初始化要求这些变化只能与深度相关。

因为如果流体属性与深度不相关，那么必然导致流体密度在同一深度下的变化，因此，即便在某一深度流体势为零，那么在该深度的上下，还是有不为零的流体势存在。

3.10.3.1　变化的泡点压力

油的原始组成通常是深度的函数。典型的是，泡点压力随深度增加而降低，这导致压力—深度曲线向压力增大的方向偏转。

因为某一深度的压力为此深度之上流体密度的积分，因此压力应在规则、且相对较细的垂向网格上计算，从而使平衡系统快速收敛。

3.10.3.2　变化的 API 度

同样地，原油密度也随深度增加而增大，从而导致压力—深度曲线不是直线特征。

这两种情况下，为了描述空间变化，初始就要用到不同的混合组分来描述流体。只要组分是在物质平衡方程中处理的，那么初始的变化将会反映在后续的运动和产量特征中。

3.11　水体处理

油藏开发的一个主要能量源就是与油藏相邻的水体的膨胀。因为水体体积相对于油藏体积大得多，因此水体膨胀对油藏开发特征具有重大影响。

理论上，水体应包含在模型中，作为网格的一部分（图3.11.1），若如此，将需要在水体区花费大量的计算资源，但主要关注的只是水体在某个时间段侵入油藏的量。

可以用不同的技术有效地模拟水体的响应。

3.11.1　Hurst—Van Everdingen 水体

Hurst 和 Van Everdingen 应用一种修正的极坐标形式的达西公式来做试井分析，通过指定

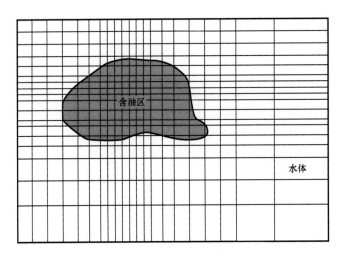

图 3.11.1　网格中的水体

常数端点压力来解出产量。

　　之后,他们针对有限半径和线性水体情况,计算了水体的无量纲侵入函数。

　　对于常数端点压力,累计产水量如下:

$$W_e = U\Delta p W_D(t_D) \tag{3.11.1}$$

式中　W_e——累计水体侵入量,m^3;

　　　　U——水体侵入常数;

　　　　W_D——无量纲水体侵入函数;

　　　　t_D——无量纲时间。

　　在 $n+1$ 时间步之后,一个与水体连接的网格内,累计水体侵入量为:

$$W_e(t_{n+1}) = U\sum_{j=0}^{j=n}\Delta p_j W_D(t_{Dn+1} - t_{Dn}) \tag{3.11.2}$$

　　这要求网格与水体连接,压力变化要被保留,以用于计算目前的水侵量。

　　因为需要分配计算资源,还开发了很多近似方法。

3.11.2　Carter—Tracy 水体

　　Carter 和 Tracy 将水体侵入近似为常速度。累计侵入量的近似变化表示为:

$$W_e(t_{n+1}) - W_e(t_n) = (t_{Dn+1} - t_{Dn})\left[\frac{u\Delta p_{n+1} - W_e(t_n)\left(\frac{\mathrm{d}p_D}{\mathrm{d}t_D}\right)_{n+1}}{p_D(t_{Dn+1}) - t_{Dn}\left(\frac{\mathrm{d}p_D}{\mathrm{d}t_D}\right)_{n+1}}\right] \tag{3.11.3}$$

式中　Δp_{n+1}——总压降;

　　　　$p_D(t_D)$——无量纲压力。

　　无量纲压力函数是扩散方程在极坐标形式下的常数终端速率的解。

3.11.3 Fetkovitch 水体

Fetkovitch 类比生产指数来近似水体的侵入速率：

$$\frac{\mathrm{d}W_e}{\mathrm{d}t} = J(\bar{p} - p_{n+1}) \tag{3.11.4}$$

式中 J——Fetkovitch 侵入常数；

$\quad\quad p$——平均水体压力，Pa；

$\quad\quad p_{n+1}$——网格压力，Pa。

对于有限水体，在后一个时间步的压力时，采用物质平衡方法，将侵入油藏的水体量也考虑进来了。

3.11.4 数值水体

为了模拟水体的瞬时压力响应，同时不占用大量网格，有些模型允许用户在主模型外围定义一个辅助的一维水体网格，如图 3.11.2 所示。

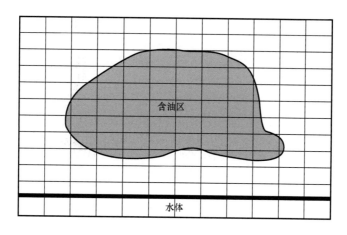

图 3.11.2 数值水体

这个方法克服了用解析函数近似产生的问题，但有可能造成水体网格与油藏网格连接处，网格尺度的变化导致的截断误差。

为了克服这个问题，水体网格应从油藏网格向外逐级平滑增大。

3.12 模拟井和生产数据

到这里为止，除了虚拟井，还要关心油藏流体流入井底的情况。事实上，这个过程从一开始就存在，并一直持续着，油藏模拟中，这也是一个重要的步骤。

3.12.1 井底流入

一口井处于一个压降区，压降区的半径是 r_e，压降区的外部压力为 p_e，那么推导的地层流体的产量就是：

$$q_o = PI(p_e - p_{wf}) \tag{3.12.1}$$

式中　q_o——原油产量,m^3/s;

　　　PI——生产指数,$m^3/(s \cdot Pa)$;

　　　p_e——压降区半径,m;

　　　p_{wf}——井筒半径,m。

通过求解达西方程,生产指数 PI 可以表示为:

$$PI = \frac{2\pi K K_{ro} h}{\mu B_o \left(\ln \frac{r_e}{r_w} + S - 0.5 \right)} \tag{3.12.2}$$

式中　K——绝对渗透率,m^2;

　　　K_{ro}——油相相对渗透率;

　　　h——产层厚度,m;

　　　μ——黏度,$Pa \cdot s$;

　　　B_o——原油体积系数;

　　　r_e——有效(压力传导区)半径,m;

　　　r_w——井筒半径,m;

　　　S——表皮系数。

对于拟稳态的情况:

$$PI = \frac{2\pi K K_{ro} h}{\mu B_o \left(\ln \frac{r_e}{r_w} + S \right)} \tag{3.12.3}$$

对于稳态情况:

$$PI^* = \frac{2\pi K K_{ro} h}{\mu B_o \left(\ln \frac{r_e}{r_w} + S - 0.75 \right)} \tag{3.12.4}$$

对于拟稳态情况:

$$PI^* = \frac{2\pi K K_{ro} h}{\mu B_o \left(\ln \frac{r_e}{r_w} + S - 0.5 \right)} \tag{3.12.5}$$

对于稳态情况,当用平均压力表示生产指数时:

$$q_o = PI^* \left(\bar{p} - p_{wf} \right) \tag{3.12.6}$$

式中　$\bar{p}$——平均压力,Pa。

从上述方程中,可以发现生产指数受射孔网格邻近网格饱和度的影响,饱和度通过相对渗透率发挥作用;同时,也受压力的影响,压力通过黏度和地层体积系数对其作用。

进一步地,生产指数控制了流体从地层流入井底,其又受到油藏原始压力区到井底距离的影响。

对于模型中的一口井,这个影响通过下面的方式表示。

在一定压力和饱和度条件下,从网格流入井底的流量表示为:

$$q_o(p, S_w) = T_{well} M_o(p, S_w)(p - p_{wf} - \varepsilon) \tag{3.12.7}$$

式中 q_o——油的体积流量,m^3/s;

T_{well}——井的连通因子;

$M_o(p, S_w)$——油的流度,$mD/(s \cdot Pa)$;

p——地层压力,Pa;

p_{wf}——井底流压,Pa;

ε——重力校正项,Pa。

井的连通因子表示为:

$$T_{well} = \frac{\alpha K h}{\ln \dfrac{r_o}{r_w} + S} \tag{3.12.8}$$

式中 α——单位转换系数;

Kh——地层系数,m^3;

r_o——压力平衡半径,m;

r_w——井筒半径,m;

S——表皮系数。

这里,压力平衡半径通常按照 Peaceman 发表的文章,一般表示为:

$$r_o = 0.28 \frac{\sqrt{\sqrt{\dfrac{K_y}{K_x}} \delta x^2 + \sqrt{\dfrac{K_x}{K_y}} \delta y^2}}{\sqrt{\sqrt{\dfrac{K_y}{K_x}}} + \sqrt{\sqrt{\dfrac{K_x}{K_y}}}} \tag{3.12.9}$$

式中 K_y——垂向渗透率,m^2;

K_x——水平渗透率,m^2。

流度包含了饱和度和压力的影响,同时将井筒连通因子作为与射孔相关的常数。流度表示为:

$$M(p, S_w) = \frac{K_{ro}(S_w)}{\mu_o(p) B_o(p)} \tag{3.12.10}$$

式中 $M_o(p, S_w)$——油的流度,$mD/(s \cdot Pa)^{-1}$;

K_{ro}——油相相对渗透率,m^2;

μ_o——原油黏度,$Pa \cdot s$;

B_o——原油地层体积系数。

对于一个生产指数高,但压降低的情况,计算的流量对重力敏感,重力校正项用来校正从井的参考深度到砂层顶界的差异。

这个计算涉及不同的方法,主要取决于多个相密度、计算日期的处理办法。对于产能很高的井,需要对这些校正的敏感性进行检查。

3.12.2　生产控制数据

油藏工程师进行数值模拟就是将观测数据从模型中表现出来,进而反映油藏的生产特征,然后考虑设备和操作的约束,对未来的生产特征进行预测和优化。因为油藏是唯一的,提供给工程师的选项只是油藏模拟中既明智又可操作的一个。

3.12.2.1　目标函数

目标产量是在现场操作约束下,能够保持稳产的模拟产量。

不同的目的、产量会用不同的方式指定,比如地面产油量、产气量、产液量或者地下产油量,或是总流体量。对于注入井,附加的目标产量还可以用函数表示,比如某种相的产量或者是油藏亏空量,原则就是保持地层压力。

虽然上面的生产指数方程是按照油相表示的。但对于水相和气相,也有相似的表达式。

这意味着,如果用户想要一口井按照某一产量生产,那么无论流度比是多少,井都会按照油水比来生产,直到达到某个约束条件为止。

这也意味着井无法按照模拟的井底压力和含水率来生产。

3.12.2.2　限制条件

因为模型中的井可以按照实际那个不可能存在的情况生产,因此用户需要定义一些约束条件。

这些约束条件可能与井相关,也可能与井组相关。

这些约束条件可以按照树形结构连接,从而保证每个节点都满足条件。

比如气油比的限制和含水率的限制,第二个约束条件可以在满足第一个约束条件的同时发挥作用。这对于在达到最大产量同时,还需满足水处理和气处理限制的情况下非常有用。

有时,还需激活经济约束条件,比如在产量达到经济极限时关井或终止模拟。

对于实际油田生产,井会出现某些状况,产量通常由作业产量和新井产量组成。

油藏模型可以为用户提供一个操作,自动实现油藏的合理产量,进而保持生产水平。

3.12.2.3　措施

通常,这些措施包括通过改变井的产量来控制水和气的量,对较差的射孔段进行封堵,直至关井。

如果某个井组还有剩余的生产能力,那么在预定的钻井计划下,可以对特定区域进行加密,从而在设备允许的情况下增加产量。

3.12.3　实际应用中的注意事项

全油藏模拟与细化模型相对应,是在前面提到的相关约束之下,先经过历史拟合,再进行一系列预测,从而对油藏生产特征进行优化。

在目标产量和约束方式指定的情况下,这两种操作完全不同。

3.12.3.1　历史拟合

历史拟合阶段,在合理的时间频率基础上,油气水的产量对所有井都是可用的。

进一步地,井底压力在特定的井上也是可用的。

油藏工程师开展数值模拟就是通过井的控制数据,拟合压力和水的运动特征。

如果模型的输入数据被指定为油的产量,那么,对于含水率模拟不好的井,总的产量也会不好,并继而导致错误的压力特征。

同时,井的限制条件可能会得到相反的结果,比如那些含水率太高的井,本应关井,但仍在继续生产。

因此,指定的产量类型和井的约束条件有时会导致错误的采出量,从而导致历史拟合的失败。

如果井的限制条件无效,并且将产量数据转换为油藏流体在大气条件下的等价体积,那么问题将会变得容易追踪,并且无论采出流体中各项的比例是多少。

用这种方法去模拟,拟合压力、含水率及气油比特征中遇到的问题都可以相互独立分离出来。

3.12.3.2　预测

预测阶段,需要必要的产量约束条件,包括最小井口压力、最大产量等。

图 3.12.1 展示了典型的不同水油比的油管举升曲线。如果多层开发,每层具有不同的含水饱和度,改变井底压力可以改善含水率,收敛的井底压力必须通过迭代过程获得。

由于大部分的迭代方案中,初始值越接近最终结果,迭代计算越快,因此预测过程中,有必要使初始值尽量接近目标产量。

从历史拟合向预测阶段的顺畅过渡也是历史拟合质量的衡量标准。

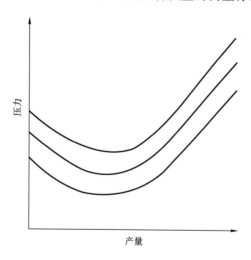

图 3.12.1　油管举升曲线

第4章 历史拟合

4.1 概述

首先从历史拟合的概念开始。有很多关于历史拟合的定义,其中一个定义如下:历史拟合就是修正模型输入数据的过程,直到与历史数据相比,得到了一个合理的结果。

这个定义的重点是生成一个模拟数据与历史数据相一致的模型。还有一个定义也很好:历史拟合是对模型输入数据进行合理地改变,以使其与历史数据拟合更好,并进而提高模型的预测能力。

后者的定义给了商业目标:生成一个模型,使其能合理预测未来动态,并影响商业决策。

这些定义都提出一些问题,如下:

(1)历史拟合要达到什么程度?

(2)对原始模型的哪些修改是合理的?

(3)如何进行合理的改动?

(4)是否有很多方式可以实现与观测数据拟合上?

(5)得出的结论如何受到模拟工区的限制?

(6)如何检查模型的预测能力?

(7)应该应用一个模型来实现目标还是开发多个模型?

(8)什么因素会导致拟合不上? 一个拟合不上的模型是否有价值?

这些问题在很多反问题中都很常见——反问题就是通过修改输入数据来拟合结果。石油工业中的其他反问题包括压力瞬时分析和地震解释。

对油藏模型进行历史拟合是一个相对复杂的反问题。其本质上是非线性的;用来解决这些问题的工具准确性有限,并且其物理系统也很复杂。找到这些问题的解是数学研究的活跃领域。很多反问题都要关注形成这些问题的原因。如下:

(1)是否有解:当做历史拟合时,似乎都应该能够得到解。但这可能与模拟模型的限制条件有关;如果模拟模型没有足够的数值解,那么就要面对数值模型拟合不上的情况。

(2)解是否唯一:这个可以通过实际例子看到。如果能够通过很多方式拟合观测数据,那么对预测模型能够有多少信心?

(3)输出数据与输入数据的关联性是否很直接? 这可以提示相关人员是否能够拟合模型。

在回答这些问题之前,将梳理历史拟合的流程。首先,有必要把工作置于适当的商业流程之中;其次,很重要的是,要将历史拟合过程看作是储层模拟过程的一部分。

下面将介绍一个常规历史拟合工作的例子,包括拟合一个单一模型,并进行预测。这类方法由 Mattax 和 Dalton 在文章中进行了总结。工作中,重点是理清研究中的实际要素,尤其是检测数据、采集数据,以及对拟合模型和油藏实际动态数据的质量控制和校准。拟合的过程可以是手动,也可以是计算机辅助,以改变油藏参数。还要讨论非唯一解的问题。

最后,讨论自动历史拟合,应用多模型评价不确定性。这些问题相对没那么重要了。

4.2　历史拟合的内容

首先要明确历史拟合在获取商业价值中所承担的角色,历史拟合与油藏管理的关系,历史拟合与整个研究的关系,其要涉及地质和模拟的研究内容。

4.2.1　研究的经济内容

对于从事历史拟合研究工作的人员,明确了解商业目标非常重要。这是因为,拟合好坏的程度是商业目标的函数。下面举例说明这个问题。

例1:一个有巨大数据量的巨型成熟油田加密井位研究。此时,成果的关键是井位的优选。与生产和监测数据的拟合,尤其是在加密井位附近,就要尽量拟合好。

例2:一个新油田,要确定何时实施人工举升。此时,成功与否取决于模型预测压力下降和含水上升的能力。与单井数据的拟合要求相比于例1较弱。另一方面,评价不确定性似乎更加重要;商业上,需要基于研究得到的最早采取人工举升措施的评估结果来进行决策。

例3:需要预测短期到中期的产量。这可能对财务计划很重要。此时,要求确保在预测开始的时间阶段,与井的动态特征拟合良好。

上述例子中,应用模型的情况也不一样。第一个例子中,模型相对确定。该拟合中需在一个模型中花更多力气拟合大量数据,以得到合理的结果。第二个例子中,重点是评估不确定性,降低由于数据量较少造成的影响,应用多个模型将会更加有效。

4.2.2　油藏开发和管理的联系

数值模拟中的历史拟合研究不应被孤立于油藏研究之外。历史拟合可以帮助管理油藏,决定如何开发油藏,获取什么数据,以及如何分析数据。

下面的因素可能会影响历史拟合研究:

(1)选择的产量数据是来自多个流动单元的混合数据,并且没有对其进行处理;

(2)选择的井完井质量较差,且存在不同射孔段之间的窜流;

(3)只有有限的油藏表征和监测数据;

(4)只有较少的生产数据,因为井没有足够的测试;

(5)没有重复地层测试(RFT),或类似的开发测井数据;

(6)没有较好的数据管理。

上述这些因素,一般由开发过程中投资的高低所决定。

这样的决定在历史拟合中非常重要。历史拟合的质量取决于前期油藏管理的策略。

4.2.3　研究的工作内容

这里,有必要列出一个历史拟合的总体框架,如图4.2.1所示。

图4.2.1展示了一般的地质建模的流程,以及一套所需的数据清单,常通过构造模型将这些数据集成到一块。后面章节将会讨论,数据和研究在静态模型和动态模型中集成的方法。在建模的其他环节,这也是有益的尝试。

图4.2.1还展示了迭代的类型,这就与历史拟合过程相关了。

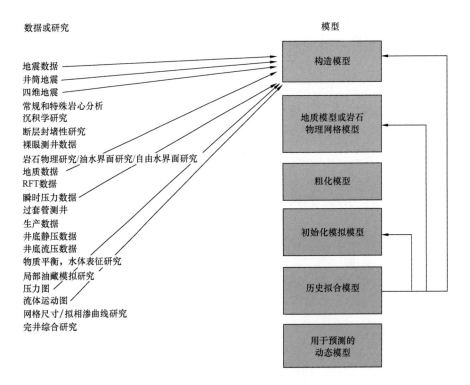

图 4.2.1　典型的油藏模拟过程

首先,初始的地质模型会被"编辑"。这在历史拟合过程中很常见;比如改变岩石压缩性,改变全局渗透率,改变断层传导性。有些时候,改变渗透率的变化类型,这常用于对精细模型进行修改。

其次,用更加系统的方式来修改网格模型,而不是单纯修改模拟模型的参数。这包括对地质模型进行不同的实现,生成不同的渗透率场,或者增加地质模型的确定性程度。

最后,可能会重新建立构造模型。这可能是为了更好地模拟储层的连通性。目前通常是改变模型的要素,而不是改变构造。这并不能反映构造的不确定性,而是反映沉积体的不确定性;更新构造模型是一个非常耗费时间的工作。

在图 4.2.1 中的模拟流程中,还要考虑网格的问题。这将在后续章节中讨论。

4.3　静态模型和动态模型

4.3.1　静态数据和动态数据

通常将数据分为静态数据和动态数据,从而模型也分为动态模型和静态模型。但有些数据并不容易区分。

静态数据包括岩心描述,孔渗测试。动态数据包括生产数据和流量测试数据,以及关井压力。有一些电缆测井数据,可以指示水的流动,其很难划入其中某一种类型。

4.3.2　动态数据和静态模型

对于一个已开发油藏,会有大量动态数据可用于指导地质建模。这些数据会影响后续的历史拟合。通常认为,这些数据应在地质建模过程中就给予考虑。这也可以使历史拟合过程更加简单,历史拟合的结果更加可用。

比如,应用压力传导数据来生成渗透率模型。应用这个方法,可以基本不必调整渗透率便将井的产能拟合上。或者只是对地质模型中的渗透率做较小的调整。

另外一种做法是按照岩心估计的渗透率建立初始渗透率模型。这种做法一般需要在历史拟合阶段对渗透率做较大的调整。

下面是一些将动态数据应用于建立静态模型的例子。

(1)应用压力传导数据、生产测井数据和井的产量数据建立渗透率模型。

(2)应用 RFT 数据或饱和度测井数据,建立相对确定的隔夹层展布模型。

(3)应用地球化学数据或压力图来更好地理解油藏分区。

(4)应用平面、剖面、栅状图等开发地质成果来更好地定义地质模型。

应用这些数据会使地质模型与实际情况更加接近。这些工作会比较耗时,但会使历史拟合结果更加可靠。

4.4　与油藏模拟和粗化相关的问题

当对比拟合结果和观测结果时,理解模拟模型固有的局限性很重要。本章假设应用的是常规有限差分模拟器。

4.4.1　与网格尺寸和数值分辨率相关的问题

与网格尺寸、数值分辨率和粗化相关的问题会影响历史拟合工作。应用较粗网格进行流动模拟,不可避免地会损失一定的准确性。粗网格中,无法捕捉到细网格中单相或多相的流动细节。应接受这个水平上的不准确,而不是强求改变输入参数来拟合。

4.4.2　与产率代表性相关的问题

模拟研究中常用月平均的井产量和注入量。同时,也会将模拟结果按照等时间间隔的格式输出,并用来做历史拟合和预测。这就会影响到对 RFT 和 TDT 测井的拟合。

选择不同时间间隔在对比模拟数据和观测数据时有什么影响呢?一般饱和度在短时间内没有剧烈变化。那么选择不同的时间段对对比的影响不大。

但对于压力就不同了。压力在井间的传导很快。时间的变化对井间压力的影响很大。这可能会影响模拟的 RFT 数据。这就需要在 RFT 数据测试时间之前的模拟时间间隔尽量小,从而能够表征井产量的变化。换句话说,就是对比 RFT 数据时尽量用精确的时间,而不是用月度间隔。

4.4.3　与井筒流入相关的问题

油藏模拟通常不会精细表征井筒周围的聚合流。大部分的商业模拟器在网格和井底流压方面都应用 Peaceman(1978)的研究成果。这个方法是在规则网格中,均质属性假设情况下推导的,但已被广泛应用。如果模拟的井产量与实际井产量接近,就可以直接对比井底流压。

Peaceman(1978)还描述了在相同假设下,网格压力与压力恢复得到的压力值的对应关系。这个方法可用于对比网格压力和短期的压力恢复得到的结果。关井压力和压力恢复不能够直接模拟出来。关井较长时间测得的静压可以直接与网格压力对比。

更常用的方式是将关井压力与网格压力作交会图。将井周网格的平均压力与产量作交会图也非常有用。

4.5 确定性历史拟合研究

4.5.1 准备工作——定义目标

很明显,对于技术研究,研究的首要任务是定义研究目标,然后将目标转化为计划。在研究中,还要留意商务目的,如果研究目标不现实,还要做好终止研究的准备。

4.5.2 数据检查和井史数据

研究的第一个技术要素就是对可用的数据进行检查。要注意两个问题。一是对于油藏描述工作,可用数据的数量;尤其是可以通过增加数据来弥补的缺憾。二是要对数据进行质量控制。这需要排除坏的数据,并对剩余数据的准确程度进行评估。

比如关井压力数据。对数据进行检查会发现某些数据需要剔除:

(1)不同压力计测量的有较大偏差的压力数据点;

(2)测得的井筒压力梯度与流体梯度不一致;

(3)指示发生了漏失;

(4)将流压记录成了静压。

对观测数据的检查还能够通过与模拟数据的比较确定,从而对数据的准确性进行评估。这包括:

(1)检查压力计的准确性;

(2)检查压力计到射孔段校正压力数据的准确性;

(3)检查井轨迹和电缆深度的准确性。

这个过程可能非常耗费时间。

要重视过套管测井得到的数据,这会为历史拟合提供重要的信息。这些数据的作用在于其提供了油藏条件下的情况(图4.5.1)。

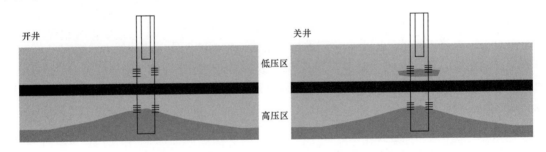

图4.5.1 用脉冲中子测井解释常见问题的示意图

下面的一个例子,早先的低压干层段中脉冲中子测井测试指示出由于窜流造成了水侵,通过脉冲中子测井数据对含水饱和度进行拟合对历史拟合非常重要。还要确保,这些测试数据代表了油藏条件下的情况,同时模型也合理地表征了油藏的情况。

数据中很重要的一点是准备井史数据。井史数据需要包括:

（1）钻井和测井信息；

（2）射孔和完井信息，包括完整的完井方案；

（3）固井质量信息；

（4）井史中记录的机械故障；

（5）生产和检测数据。

历史拟合中，井史数据远比连续性的作业数据更加重要。

4.5.3　准备工作——数据采集条件

可以看到，缺乏唯一性是数值模拟的主要问题。对数据可用性进行检查后，需要考虑增加的数据或过程是否会增加工作的价值。很明显，这些过程是非常耗费时间的。

首先，需要增加那些可以减小不确定性的数据。比如增加岩心的水驱油实验，从而减小残余油饱和度的不确定性。其次，需要采集对历史拟合工作有针对性的数据，比如足够的压力数据来绘制全油藏的压力图。

4.5.4　准备工作——经典油藏工程计算和局部油藏模拟

经典油藏工程计算和区块模型模拟是历史工作的重要先导性工作。可以帮助明确哪些参数对油藏的生产动态具有重要影响。也可以明确由于数值分辨率的影响，全油藏模型模拟中具有哪些限制因素。

在历史拟合之前开展物质平衡计算是很有帮助的。这可以初步确定水体性质，估计测试压力与油藏储量和压缩性是否具有一致性。

4.5.5　数值模型（及地质模型）检查

前面描述的流程中，在开始历史拟合之前对模拟模型进行检查是很多公司质量控制过程的重要部分。

很多质量控制工作都与历史拟合相关。

（1）对基础油藏工程数据进行质量控制，可以帮助检查数据的准确性，以及对这些参数进行修改使其具有合理范围。比如，检查孔隙的压缩性数据将会帮助确定数据的合理范围。

（2）对单一或多个相粗化结果进行质量控制，可以帮助明确粗化的全油藏模型可以在多大程度上表征精细模型的特征。也可以用来估计地质模型的局限性，以及修正模型属性时可接受的范围。比如，估计渗透率的不确定性范围，以及数值模型的分辨率对流体流动的影响。要避免对井动态的不合理估计，比如一口井只射开了很少的网格，且这些网格还远离水层，这时其含水率的可修改范围就是有限的。

（3）对构造和储层连通程度的重要性进行质量控制。如果断层的几何形态和相交关系能够决定流体的流动路径，那么就要对其连通程度的不确定性，以及模型的表征程度进行估计。比如，目前的工作流可以对储层孔渗生成很多模型实现。而要得到较好的、并且参考了动态数据特征的构造模型，就要额外花费更多的精力。

（4）检查井在模型中的表征情况。

下面的情况也部分涉及历史拟合：

（1）井与断层的关系是否正确；

（2）井的射孔位置与隔夹层的关系是否正确；

(3)瞬时压力分析得到的渗透率与模型渗透率是否一致;

(4)井的生产数据表现出的表皮特征在模型中是否有所体现。

这些工作都是非常花时间的。

4.5.6　模型拟合方法路线

拟合单一模型的主要步骤如下。

(1)初步拟合。这一步要保证注采量数据吻合,同时,在较大尺度上保证平均油藏压力吻合。

(2)检查下列内容:

① 模型参数合理的修改范围;

② 估计这些修改对模型的影响程度;

③ 哪个模型可以拟合上。

(3)在上述工作基础上,开展一系列的敏感性分析,从而了解模型输入和输出之间的关系。

(4)为了拟合模型,需要进行下列工作:

① 首先粗略地拟合压力;

② 接下来粗略地拟合流动;

③ 再接下来细致地拟合压力和流动,从而拟合井的产量特征。

每一步参数的范围都要考虑,既有定性的,也有定量的,都要考虑其合理性。还要考虑与井的吻合程度。在这个过程中,尤其是遇到很难拟合的参数时,要考虑观测参数和地质模型假设的可信性。

(5)进一步细化井的生产特征,并保证模型从历史拟合到预测的平滑过渡。

(6)在这一点上,最好是对模型进行质量控制,并评估模型的一致性。

4.5.7　拟合要达到什么符合程度

本节将讨论历史拟合要达到什么程度。后面将讨论需要拟合哪些参数。这里将讨论一个具有重复地层测试技术数据的实例。图4.5.2展示了油层的重复地层测试技术数据。重复地层测试技术数据旁边是储层质量的示意图。

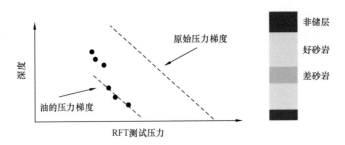

图4.5.2　重复地层测试技术数据和储层岩石质量

评价历史拟合符合程度时,需要考虑下面几个方面。

(1)RFT 数据测量误差是多少? 这决定了拟合符合程度的下限。

（2）数据的分辨率是多少，产量变化情况的表征方法等影响符合程度的因素。这也会影响拟合符合程度的下限。

（3）希望拟合哪些压力变化的特征？如果主要对压力递减的情况感兴趣，那么就只需拟合初始压力与现今压力的差异。如果希望了解差储层的物性特征，那么要更多地拟合差储层处的压力变化。

拟合的目标将影响对拟合程度的考量。上面两种情况的拟合差异如图4.5.3所示。

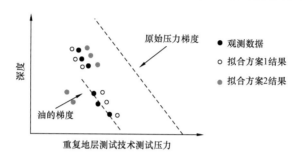

图 4.5.3　对重复地层测试技术数据的拟合

如果希望对平均压降进行拟合，那拟合方案 1 就好一些。如果我们希望对压力的跳跃进行拟合，那拟合方案 2 就好一些。

4.5.8　评价历史拟合的优劣

上面已经讨论了历史拟合符合程度的优劣。在观察观测数据与拟合数据对比关系的基础上，还可以对其进行定量。这种方法是可行的，至少在井数较少的情况下常被用到。

对于具有较多井数的油藏，或是希望通过计算机辅助拟合的方式进行历史拟合，都需要对拟合程度进行定量。常用的方法是用加权均方根误差：

$$\sum w_i[x_i(实测) - x_i(模拟)]^2/\sigma_i^2 \qquad (4.5.1)$$

式中　w_i——测量参数的权重；

x_i（实测）——实际测量结果；

x_i（模拟）——模拟计算结果；

σ_i——拟合目标。

很明显，应用该方法需要确定权重和拟合目标水平。

这只是衡量观测数据与模拟数据的拟合程度。此外，还要衡量改变的输入数据是否可以实现。这在 Schulze–Riegert 和 Ghedan（2007）的文章中进行了论述。

4.5.9　历史拟合中井的控制

拟合中控制开发井的方法包括：

（1）控制油气产量；

（2）控制液量；

（3）控制油藏条件下流体体积产量。

如果拟合得好，那么所有这些方法都将给出一致的结果，所有相都可以拟合上。控制方法的选择将影响对模型的控制能力。

有两种观点支持使用储层体积系数。第一种观点涉及储层压力。在物质平衡方程中,假设没有自由气。物质平衡方程变为:

$$N_p B_o + W_p B_w = N B_{oi} \left[(B_o - B_{oi})/B_{oi} + (c_w S_{wc} + c_f)/(1 + S_{wc}) \Delta p \right] + W_e B_w \quad (4.5.2)$$

式中　N_p——油的产量,m^3;

　　　　B_o——油的地层体积系数;

　　　　W_p——水的产量,m^3;

　　　　B_w——水的地层体积系数;

　　　　N——储量,m^3;

　　　　B_{oi}——油的原始地层体积系数;

　　　　c_w——水的压缩系数;

　　　　S_{wc}——初始含水饱和度;

　　　　c_f——岩石有效压缩系数;

　　　　p——压力,Pa;

　　　　W_e——水体侵入量,m^3。

假设油的压缩系数为常数:

$$N_p B_o + W_p B_w = N B_{oi} \left[c_o + (c_w S_{wc} + c_f)/(1 - S_{wc}) \right] \Delta p + W_e B_w \quad (4.5.3)$$

式中　c_o——油的压缩系数。

方程的左侧是油藏条件下流体的体积产量。如果有了原地量、流体压缩系数、水体侵入校正,那就可以得到正确的压降。这意味着,在原地量正确的情况下,通过一系列模拟后拟合压力相对简单。

应用油藏条件下流体产量也会使拟合水的运动更容易。就像在一维流动中,通过调整可靠的渗透率曲线来拟合一样。图4.5.4展示了含水率的三种情况:

(1)正确的情况;

(2)一种“微调”渗透率的情况,此时油藏条件下的流体体积产量与正确的情况一致;

(3)也是微调渗透率,但此时是原油产量与正确的情况一致。

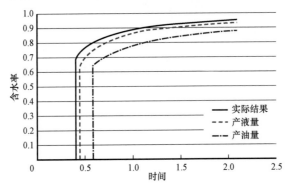

图4.5.4　含水率随时间的变化

在"微调"的情况下,水的突破推迟了。对于控制产油量的情况,油藏条件下的流体产量减少了,水的突破被进一步推迟。由于含水率被低估了,油藏条件下流体体积产量太低,后续的差异变大了。

控制原油产量的情况也是一样,如果"微调"情况是见水提前,那也会放大"正确"和"微调"情况之间的差异。

基于上述分析,应用油藏条件下流体体积产量控制生产是有明显优势的。比如:

(1)更容易拟合压力,并且无须拟合哪个相的产量;

(2)可使拟合水、气产量更加稳定。

还要考虑如何控制注入井。对于注水来说,由于较小的压缩系数,应用地面条件和油藏条件的差异很小。

对于注气来说,如果油藏条件下的流体体积注入量是基于一个较小的压力计算的,那么如果按照地面体积计算,注入量会被减小。反之如果压力太高,则注入量会增大。因此最好是应用地面体积约束来控制。

4.5.10 运行初始化

模拟模型的初始运行及保证模型正确运行的前期工作要先于敏感性研究。这个工作有如下目的。

(1)检查油藏平均压力。如果实际压力与模拟压力有较大差异,那就要想办法调整,从而得到更好的拟合关系。

(2)保证井可以按照历史产量生产。

(3)检查生产数据,观测射孔数据是否有错误。

如果不能得到一个大致拟合的油藏压力,那就不能将其作为敏感性分析的"基础实现"。如果压力过低,则井的历史产量很难达到;生产指数乘以最大生产压差也很难满足需求。

如果模型大部分的压力正确,只是部分井不能达到产量或注入量要求,那就可能是下面几个原因导致的:

(1)水平渗透率 K_h 有错误;

(2)射孔间隔不正确;

(3)存在井壁窜流,而没有在模型中表征出来;

(4)井进行了增产措施,但没有在模型中表征出来。

4.5.11 检查模型参数调整的范围

在进行历史拟合之前,需要对输入参数的可接受的调整范围进行研究。很明显,不同的油藏情况不一样。下面是一些例子。

例1,岩石压缩系数。

基于特殊岩心分析,以及压力条件的不确定性,可以检查岩石压缩系数的不确定性。这包括三种范围:

(1)最可能的值;

(2)一定范围可接受的值;

(3)较大范围,存在这种可能性,但概率较小。

例2,渗透率的一般范围。

基于对地质模型、粗化方法,以及瞬时压力分析的检查,需要对模型中渗透率的平均水平进行估计。这可以给出一个可接受的"倍乘系数"范围,可能是全局的,也可能是局部的。

例3,垂向流动的局部夹层。

基于地质研究,可以发现局部夹层的存在。比如,泥岩或者致密胶结层。井上的夹层可以通过测井曲线识别出来,并在模型中具有一定的展布范围。这可以帮助确定历史拟合中是否需要引入隔夹层的影响。

4.5.12 敏感性分析

在进行"手动"历史拟合之前,需要开展敏感性分析。在这个例子中,需要观察输入数据的不确定性,以及其对模拟结果的影响。按照表4.5.1的顺序,这里仅仅是一个例子。

表4.5.1 输入数据的不确定性和敏感性

输入数据	敏感性	说明
渗透率	±50%	对比模型渗透率与压力恢复计算的渗透率
K_v/K_h	在基础实现上×10或是×0.1	基于精细网格模型结果与压力恢复计算的结果
K_{rw}	×0.5或是×1.5	基于特殊岩心分析数据
B_o(油的地层系数)和黏度	无敏感性	PVT(压力,体积,以及温度)数据常给出准确结果
断层封堵性	完全封堵到完全不封堵	对断层封堵性的理解非常有限
其他	其他	其他

在这个例子中,如果模型的输入数据具有较大的随机性,那就需要对不同模型的实现结果进行比较。

4.5.13 历史拟合过程

在"手动"历史拟合中,通常采用下面的方式:

(1)首先是压力,然后是流体流动,再之后是井的产量;

(2)首先拟合油藏尺度,然后再进一步精细化;

(3)首先改变全局输入数据,再做局部变化。

很明显,拟合的方式是迭代的,比如:

(1)如果改变相渗来帮助拟合水的运动,那将会改变流体的流动性,从而影响压力拟合;

(2)改变"表皮"可以更好地拟合井底流压,但将改变不同层流入井底的比例;这将影响流体的运动和压力。

该方法基于下列观测到的事实。

(1)压力的传导速度远快于流体运动的速度。因此拟合压力更利于约束大尺度的油藏模型。

(2)压力梯度决定了流动方向。在压力普遍拟合上之前,可能拟合上的流体细节很少。

(3)很多用于拟合流体运动地对输入数据的改变,对压力的拟合影响很小。

4.5.14 拟合压力

需要拟合的数据包括:

（1）关井压力；

（2）井底流压；

（3）RFT 数据；

（4）解释的油藏压力；

（5）压力分布图。

RFT 数据尤其有用，因为其具有相对较高的精度，并可提供关于隔夹层的信息。

对压力具有重要影响的输入数据包括：

（1）水体性质；

（2）地下体积、流体和孔隙的压缩性；

（3）泡点压力和泡点压力的空间变换；

（4）流动单元内的渗透率平均水平；

（5）断层传导性；

（6）垂直渗透率与水平渗透率的比值，隔夹层的传导性和横向展布范围，平面流动的阻隔；

（7）不同层之间的产量劈分。

很多情况下，应先拟合油藏平均压力。这涉及上述的（1）~（3）点。

拟合压力梯度很有价值。如果正确地掌握了流动方向，那么需要拟合压力梯度。这受到上述（1）、（4）、（5）点的影响。

如果对不同流动单元间的压力变化有兴趣，并且想知道垂向的连通性，那么将涉及上述的（6）、（7）两点。对于第（7）点，拟合层间的产量劈分情况，还会涉及对 PLT 数据的拟合。因此，拟合压力还涉及对单井生产特征的拟合。

考虑一个简单的油藏模型，如图 4.5.5 所示。

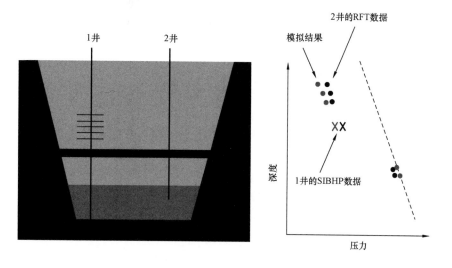

图 4.5.5　概念模型剖面中重复地层测试技术数据的变化

这个例子中，一个孤立的油藏发育底水，油藏中发育泥岩隔层。第一口井在泥岩隔层上部生产，未产水。第二口井钻后，测试了 RFT。同时，在第一口井测试了关井压力。

将测试结果与模拟结果对比。对比显示:

(1)模拟压力在泥岩隔层上部略高;

(2)泥岩隔层下部发生了难以解释的压力下降。

这时该如何做历史拟合?这里包含两个方面。一是如何解释泥岩下部的压力数据?

(1)原始压力数据的可靠性如何?2 井的 RFT 数据准确度如何?可否通过测量错误或精度解释?

(2)泥岩是否存在窜流?这需要检查地质认识,比如是否有小断层贯穿了泥岩。

(3)是否在 1 井存在泥岩下部的产量?这可能是因为 1 井较差的固井质量。需要回顾固井质量曲线。也可能需要补测曲线,比如温度测井,从而确定是否有管外窜流。

二是如何拟合压力数据?

如果假设泥岩下部的压力降是真实的,并且不是管外窜流造成的,那么拟合就要改变下列输入数据:

(1)泥岩上下的流体体积,这可能涉及改变孔隙体积;

(2)流体属性;

(3)岩石压缩系数;

(4)泥岩的窜流系数。

研究人员常希望通过不止一个方式来拟合观测数据——问题并非唯一性。比如,改变流体体积与流体和岩石的压缩系数对平均压力的影响可能是相似的。

对于生产初期,这种非唯一性可能并不是大问题——可以参考物质平衡方程。如果计划对油藏开展水驱,那较大的流体体积和较大的流体和岩石的压缩系数就完全不同了。很明显,在这个例子中,降低非唯一性是很重要的,可以通过增加实验数据来降低压缩系数的不确定性。

4.5.15 拟合流体运动

需要拟合的数据包括:

(1)产油,产气,产水;

(2)指示流体饱和度的裸眼和过套管测井;

(3)地震数据估计的流体展布——四维地震会提供有用的数据;

(4)基于开发地质研究的流体运动结论——比如流体运动图、平面图和剖面图。

简单起见,下面的例子只考虑油水两相。当想要改变输入数据得到更好拟合的时候,需要考虑下列油水驱替特征:

(1)油藏内总体压力梯度——这将决定流体流动方向;

(2)影响局部驱替的因素——包括相渗和毛细管压力;

(3)影响波及体积的因素——包括局部渗透率非均质性,驱替的流度比,水锥进和指进的趋势。

假设压力整体上拟合较好,那么就要修改下列输入参数来拟合水的运动:

(1)渗透率非均质性的程度;

(2)渗透率各向异性(垂直渗透率/水平渗透率);

(3)相对渗透率模型(端点值和形态);

（4）断层和裂缝的属性。

观察油藏模型中的流动，比如观察一系列饱和度随时间的变化图，便可以确定哪些改变是恰当的。尤其，这可以用来检查水的运动方式是否与预测的一致。

另一个可视化的工具是对比模拟饱和度与观测数据，如用随时间变化的红绿指示图来表示井的预测是否正确，是高估了还是低估了。

正如上面提到的，拟合产水历史，还需考虑模拟模型的数值分辨率。下面来看两个例子。

例1，模拟模型中见水较早，因为井的射孔网格距油水界面之间只有两个网格。如果想要解决这个问题，可以减小相渗端点，那么对所有应用了该改变的区域的流动，都可能会有严重的改变。

例2，实际油藏中出现了水的指进，但在模型中没有模拟出来，因为模型横向分辨率不够。可以通过降低周边井的渗透率来修正模型的指进。同时，也会改变井的生产特征。

上面两个例子中，增加井周围网格的分辨率有一定的余地。但如果不可行的话，保留这些拟合较差的井点，好于通过严重改变模型输入数据从而导致不真实的预测结果。

4.5.15.1　拟合水的运动——实例1

拟合水的运动的第一个例子如图4.5.6所示。

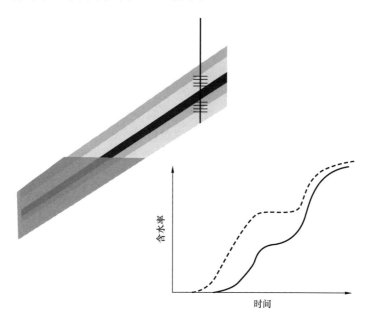

图4.5.6　概念模型剖面及其含水率变化

这里对比了一口井的模拟曲线和实际曲线。实际曲线用实线表示，模拟曲线用虚线表示。

如何改变模型使拟合更好？两个因素需要注意。第一，虽然模拟曲线和实际曲线都指示了层状特征，但模拟的含水表现为第一层水的流量更高。第二，模拟结果显示见水更早。

当找寻更好的含水特征拟合时，需要考虑其他可用的数据，比如：

（1）PLT数据可以给出不同层位的流动差异；

（2）PNL数据可以给出扫油区的饱和度的变化。

如何修改得到更好的拟合结果呢?

改变 Kh 和 ϕh,以及流度比,可以改变见水特征。储量和局部扫油效率可以改变见水时间。

模拟这些数据的一种方式如下。

(1)如果有可用的 PLT 数据,那就通过改变各层的渗透率来拟合分层的产量特征。

(2)改变合理的相渗端点值,以及相渗曲线形态,从而改变见水时间。下面两点可以推迟见水时间:

① 减小残余油饱和度(这会减小局部驱油效率);

② 减小水的相渗(这会降低波及体积和局部驱油效率)。

(3)合理改变渗透率和孔隙度,从而改变产水量。下面的方法可以推迟见水时间:

① 在主要流动单元内,减小渗透率非均质性;

② 增加 K_v/K_h;

③ 增加孔隙度。

基于这个例子,可以得到更合理的历史拟合,但存在两个问题。

一是发现得到合理的历史拟合可以有很多方法——解的不唯一性。比如,减小残余油饱和度和减小水的相渗都可以改善拟合效果。其中一个会改变可动油的储量,而另一个不会。这些改变会导致储量的明显不同。

二是可以看到没有对模型输入数据进行"合理的"改变。这里需要检查假设。

(1)检查生产数据。比如含水率曲线是否可信?

(2)检查完井质量。是否存在产自其他层的流体?

(3)检查在多大范围内可以改变输入数据? 比如发现如果不减少局部驱油效率,那便不可能拟合得上,那就要检查特殊岩心分析数据,以及可接受的残余油饱和度值。

(4)检查基础地质输入。比如在这个例子中,设想下倾方向有一个阻隔,那么便可以延迟见水时间。很容易在模型中测试其是否发挥了作用。这就需要检查地球物理数据,看是否有这种可能,同时还与压力恢复数据相一致。

4.5.15.2 拟合水的运动——实例 2

这是实例 1 的一个变形。这个例子的目的是说明拟合压力的重要性,以及受压力控制的流动方向。

在这个例子中有一种可能,如果断层不封闭,油会由断层从油藏中侵入过来(图 4.5.7)。模拟中,流体通过断层会延迟见水时间。

如果没有准确认识压力的连通性以及流体的流动模式,那么很可能得出不合适的修正来拟合流体运动。很显然,如果有更多的信息,比如压力恢复数据来了解断层的属性,那么就可以得到更好的模型。

4.5.15.3 拟合水的运动——实例 3

前面两个剖面中,只是一口井的拟合。如果是多口井该如何处理呢?

可能会用到两个步骤。首先是进行全局的改变来得到最好的全局拟合结果。其次是做一些局部改变来拟合单井动态。两个步骤的好处是,第一步相对简单,并可以进行粗略的预测。第二步可以得出更好的、适于短期生产预测的模型。

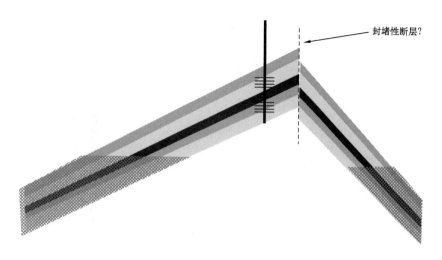

封堵性断层?

图 4.5.7　概念模型剖面

前一个步骤还可以指导后一个局部模型的修改,使其能够更好地拟合单井,同时还可以在未知油藏描述不确定性水平的情况下,考察这些修改是否合适。

如果确定需要做局部修改来拟合单井动态,那么也会知道哪些修改更合适。引入一个地震未能识别,但压力恢复分析看到的隔夹层可能更合适。而修改渗透率或局部孔隙体积可能差一些。

4.5.16　拟合井压力和井生产动态

流入、流出井筒的特征也要模拟。最好能够拟合生产测井测得的流入流出剖面。

这个工作的要点是拟合井底压力。另一个要点是要拟合最新的数据。用这些数据进行计算是为了使模型用于预测。希望能在整个历史阶段获得与这些数据合理的拟合。如果一口井从不同的流动单元,按照不同的压力生产,那么改变井的产能将改变不同单元之间的劈分产量。这意味着拟合井的动态,同时要拟合压力和流体运动。

最直接的办法是对井引入"生产指数乘数"。理想情况下,这些乘数与对井上 Kh 和表皮系数的理解一致。

有时,主要是射孔段只对应较少网格的时候,井的多相流的产能不能被很好地表征出来。实际情况下,可能存在脱气,但模型中没有扩散流,也不能表征整体流动的下降。这时,需要应用虚拟井的方式。

最好在预测之前模拟井筒内的垂直管流。如果井底流压和含水率拟合得好,这些工作也是必不可少的。

4.5.17　向预测过渡

通常会将历史拟合最后的部分进行复制,并控制预测模型中的井。这就涉及对井口压力模型和合适的设备条件进行控制。如果模拟效果不好,那么模型就无法用于预测。反之则可作出很好的预测。

4.6　计算机辅助自动历史拟合

多年来,人们一直在研究自动化和计算机辅助历史拟合的方法。Schulze Riegert 和 Ghedan(2007)的文献中提供了很好的文献。随着商用软件的发展,计算机辅助历史拟合已经变得相对普遍了。

自动化和计算机辅助拟合的可用性,加上地质建模技术的进步,已经能够对多种可能性进行拟合。拟合过程的自动化程度有助于减少过程的主观性。它还可以降低"手动"历史拟合过程导致多个模型过于相似的风险。

4.7　结论

生产历史拟合模型可以帮助我们确定油藏开发和管理中的重要问题。模型的质量和用途取决于如何在模拟过程中对动态数据进行解释。很多解释动态模型的工作应当成为静态建模的一部分。这可以使历史拟合更快,效果更好。

历史拟合的过程应使模型更具目的性。重点是对输入数据进行完善,而不是依靠输出结果来适应观测数据。

参 考 文 献

Mattax,C. C. and Dalton,R. L.(eds.),1990. Reservoir Simulation,SPE Monograph Series,Volume 13,Richardson,Texas.

Peaceman,D. W.(1978). Interpretation of well block pressure in numerical reservoir simulation,SPE Journal,18(3),183 – 194.

Schulze – Riegert,R. and Ghedan,S.,2007. Modern Techniques for History Matching,Proceedings of the 9 th International Forum on Reservoir Simulation,9 – 13 December,Abu Dhabi,UAE.

国外油气勘探开发新进展丛书（一）

书号：3592
定价：56.00元

书号：3663
定价：120.00元

书号：3700
定价：110.00元

书号：3718
定价：145.00元

书号：3722
定价：90.00元

国外油气勘探开发新进展丛书（二）

书号：4217
定价：96.00元

书号：4226
定价：60.00元

书号：4352
定价：32.00元

书号：4334
定价：115.00元

书号：4297
定价：28.00元

国外油气勘探开发新进展丛书（三）

书号：4539
定价：120.00元

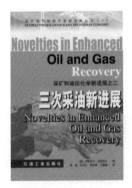

书号：4725
定价：88.00元

书号：4707
定价：60.00元

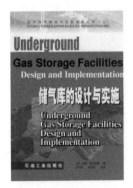

书号：4681
定价：48.00元

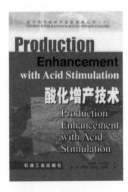

书号：4689
定价：50.00元

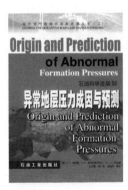

书号：4764
定价：78.00元

国外油气勘探开发新进展丛书（四）

书号：5554
定价：78.00元

书号：5429
定价：35.00元

书号：5599
定价：98.00元

书号：5702
定价：120.00元

书号：5676
定价：48.00元

书号：5750
定价：68.00元

国外油气勘探开发新进展丛书（五）

书号：6449
定价：52.00元

书号：5929
定价：70.00元

书号：6471
定价：128.00元

书号：6402
定价：96.00元

书号：6309
定价：185.00元

书号：6718
定价：150.00元

国外油气勘探开发新进展丛书（六）

书号：7055
定价：290.00元

书号：7000
定价：50.00元

书号：7035
定价：32.00元

书号：7075
定价：128.00元

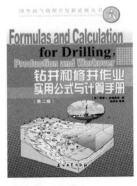

书号：6966
定价：42.00元

书号：6967
定价：32.00元

国外油气勘探开发新进展丛书（七）

书号：7533
定价：65.00元

书号：7802
定价：110.00元

书号：7555
定价：60.00元

书号：7290
定价：98.00元

书号：7088
定价：120.00元

书号：7690
定价：93.00元

国外油气勘探开发新进展丛书（八）

书号：7446
定价：38.00元

书号：8065
定价：98.00元

书号：8356
定价：98.00元

书号：8092
定价：38.00元

书号：8804
定价：38.00元

书号：9483
定价：140.00元

国外油气勘探开发新进展丛书（九）

书号：8351
定价：68.00元

书号：8782
定价：180.00元

书号：8336
定价：80.00元

书号：8899
定价：150.00元

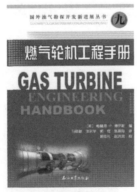

书号：9013
定价：160.00元

书号：7634
定价：65.00元

国外油气勘探开发新进展丛书（十）

书号：9009
定价：110.00元

书号：9989
定价：110.00元

书号：9574
定价：80.00元

书号：9024
定价：96.00元

书号：9322
定价：96.00元

书号：9576
定价：96.00元

国外油气勘探开发新进展丛书（十一）

书号：0042
定价：120.00元

书号：9943
定价：75.00元

书号：0732
定价：75.00元

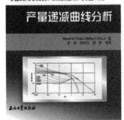

书号：0916
定价：80.00元

书号：0867
定价：65.00元

书号：0732
定价：75.00元

国外油气勘探开发新进展丛书（十二）

书号：0661
定价：80.00元

书号：0870
定价：116.00元

书号：0851
定价：120.00元

书号：1172
定价：120.00元

书号：0958
定价：66.00元

书号：1529
定价：66.00元

国外油气勘探开发新进展丛书（十三）

书号：1046
定价：158.00元

书号：1167
定价：165.00元

书号：1645
定价：70.00元

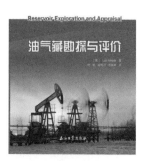

书号：1259
定价：60.00元

书号：1875
定价：158.00元

书号：1477
定价：256.00元

国外油气勘探开发新进展丛书（十四）

书号：1456
定价：128.00元

书号：1855
定价：60.00元

书号：1874
定价：280.00元

书号：2857
定价：80.00元

书号：2362
定价：76.00元

国外油气勘探开发新进展丛书（十五）

书号：3053
定价：260.00元

书号：3682
定价：180.00元

书号：2216
定价：180.00元

书号：3052
定价：260.00元

书号：2703
定价：280.00元

书号：2419
定价：300.00元

国外油气勘探开发新进展丛书（十六）

书号：2274
定价：68.00元

书号：2428
定价：168.00元

书号：1979
定价：65.00元

书号：3450
定价：280.00元

书号：3384
定价：168.00元

国外油气勘探开发新进展丛书（十七）

书号：2862
定价：160.00元

书号：3081
定价：86.00元

书号：3514
定价：96.00元

书号：3512
定价：298.00元

书号：3980
定价：220.00元

国外油气勘探开发新进展丛书（十八）

书号：3702
定价：75.00元

书号：3734
定价：200.00元

书号：3693
定价：48.00元

书号：3513
定价：278.00元

书号：3772
定价：80.00元

书号：3792
定价：68.00元

国外油气勘探开发新进展丛书（十九）

书号：3834
定价：200.00元

书号：3991
定价：180.00元

书号：3988
定价：96.00元

书号：3979
定价：120.00元

书号：4043
定价：100.00元

书号：4259
定价：150.00元

国外油气勘探开发新进展丛书（二十）

书号：4071
定价：160.00元

书号：5318
定价：118.00元

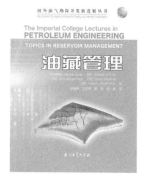

书号：5299
定价：80.00元

书号：4770
定价：118.00元

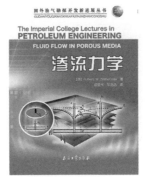

书号：4192
定价：75.00元

书号：4764
定价：100.00元